U0721807

环境污染健康损害因果关系判定方法

席淑华 贺 淼 石 鹏 主编

辽宁科学技术出版社
·沈阳·

图书在版编目（CIP）数据

环境污染健康损害因果关系判定方法 / 席淑华, 贺淼, 石鹏主编. —沈阳 : 辽宁科学技术出版社, 2022.12 （2024.6重印）

ISBN 978-7-5591-2787-7

Ⅰ. ①环⋯ Ⅱ. ①席⋯ ②贺⋯ ③石⋯ Ⅲ. ①环境污染 – 关系 – 健康 – 研究 Ⅳ. ①X5②R16

中国版本图书馆CIP数据核字（2022）第202059号

出版发行：辽宁科学技术出版社
　　　　　（地址：沈阳市和平区十一纬路25号　邮编：110003）
印 刷 者：沈阳丰泽彩色包装印刷有限公司
幅面尺寸：170mm×240mm
印　　张：11.5
字　　数：240千字
出版时间：2022年12月第1版
印刷时间：2024年6月第2次印刷
责任编辑：胡嘉思
封面设计：周　洁
版式设计：新华印务
责任校对：张　晨

书　　号：ISBN 978-7-5591-2787-7
定　　价：68.00元

编辑电话：024-23284365
邮购热线：024-23284502
http://www.lnkj.com.cn

本书编委会

顾　问　朱京海

主　编　席淑华　贺　森　石　鹏

编　委（以姓氏笔画为序）
　　　　王佳伟　王　雪　王　跃　石金刚
　　　　刘帅领　苏　妮　杨华杰　邸　薇
　　　　曹思言　葛佳兴

前　言

近年来，随着我国经济快速发展，生态环境质量改善速度之快前所未有，但环境健康风险仍不容忽视。党中央、国务院高度重视环境保护工作，2013年9月首次提出环境与健康素养概念；2018年提升居民环境健康素养水平纳入《健康中国行动（2019-2030）》，2021年3月发布的《中华人民共和国国民经济和社会发展第十四个五年规划和2035年远景目标纲要》为推动生态文明建设实现新进步，建设人与自然和谐共生的现代化指明了方向、明确了路径；2022年7月27日生态环境部发布的《"十四五"环境健康工作规划》中设置了加强环境健康风险监测评估、大力提升居民环境健康素养、持续探索环境健康管理对策、增强环境健康技术支撑能力、打造环境健康专业人才队伍5项重点任务和15项工作安排，发挥环境与健康工作在生态价值转换中的核心驱动力作用，推动环境与健康工作实现融合化、常态化、主流化发展，实现"健康中国"和"美丽中国"的协同推进，丰富生态文明内涵和外延。

然而，现行的生态环境保护制度、标准及相关科研在有效保障公众健康方面仍不够充分。改革开放以来，我国逐步形成了由一般法和特别法组成的规范环境侵权责任的法律体系。在环境污染侵权归责原则上，由《民法通则》的违法原则过渡到《环境保护法》的无过错原则，扩大了污染受害人的保护范围。在举证责任上，采取举证责任倒置的方法，照顾了普通受害者的利益，防止其因举证不能而承担败诉的风险，凸显了法律的公平正义。鉴于环境污染损害的复杂性、特殊性，其因果关系评定工作困难重重，学者看法不一，还没有形成一个统一的规范体系，目前大多数是借鉴国外的相关理论，如盖然性说、流行病学因果关系说等等，虽说因果关系推定原则的引用，有助于我国环境污染损害诉讼因果关系评定进一步发展，但是不管在理论上或立法上，我国对因果关系的评定存在着诸多问题，如将举证责任倒置等同于因果关系评定，概念混淆；

缺乏判定环境污染损害人体健康的标准、规范、程序、机构和法律法规体系，更难以为环境影响评价、环境监测、环境执法、污染控制提供依据。我们应在借鉴国外先进理论的基础上，形成一套符合我国基本情况的理论体系，针对不同类型的环境污染损害，需要不同的因果关系评定方法，维护人民的合法权益。随着公民环境意识、法律意识和维权意识的增强，我国每年由环境污染引发的纠纷达数十万起，其中涉及了不同程度的人群健康损害。根据相关法律、司法解释和政策的规定，生态环境行政管理、生态环境损害赔偿等环境行政管理和司法诉讼活动都需要借助生态环境损害鉴定评估确定损害事实，明确因果关系，适时开展环境损害因果关系评估工作，证明暴露与环境污染因素与健康损害之间的因果关系，为司法诉讼提供科学充分的评价依据，已成为当前的迫切需要。

因此，本书通过重点介绍环境污染人体健康损害因果关系评价方法以及场地土壤生态环境和人体健康损害因果关系评估标准的制定，帮助解决目前环境污染引发的健康损害诉讼中因果关系认定的难题，为污染场地土壤的安全利用提供科学支撑，为我国已存在的污染场地未来的生产和生活使用、保障土地价值提供科学指导的综合管理策略。本书包括 9 个章节：第 1 章为环境污染健康损害因果关系判定概述；第 2 章介绍环境污染和健康损害因果关系；第 3 章介绍场地环境和健康损害因果关系的评价内容；第 4 章介绍因果关系的评价方法；第 5 章介绍因果关系评价的类型；第 6 章介绍环境污染致健康损害的司法鉴定；第 7 章介绍化学原料和化学制品污染与健康损害；第 8 章介绍矿山污染与健康损害；第 9 章介绍石油化工污染与健康损害。本书理论与实践有效结合，具有较强的技术应用性与针对性，可供环境风险评估、环境影响评价等的科研人员、技术人员和管理人员参考，也可供高等学校环境卫生学等相关专业师生参阅。

本书得到了国家重点研发计划项目（2018YFC1801204）的经费支持，在此表示感谢。囿于编者水平及编写时间，书中不足或疏漏之处在所难免，敬请各位专家、同仁、读者批评指正。

编者

2022 年 8 月

目 录

CONTENTS

1 环境污染健康损害因果关系判定概述 ················· 001

  1.1 关联 ················· 001

  1.2 暴露–效应关系 ················· 005

  1.3 环境污染和人群外暴露与内暴露评估 ················· 008

  1.4 建立因果关系的工作假设 ················· 015

  1.5 暴露–效应关系模式 ················· 017

2 环境污染和健康损害因果关系 ················· 018

  2.1 环境污染和健康损害因果关系理论 ················· 018

  2.2 环境污染健康损害因果关系的特征 ················· 022

  2.3 环境污染健康损害因果关系链 ················· 023

  2.4 因果关系认定的一般原则和条件 ················· 025

  2.5 因果关系评价的作用与意义 ················· 026

3 场地环境和健康损害因果关系的评价内容 ················· 027

  3.1 工作方案的制订 ················· 027

  3.2 损害调查确认 ················· 034

  3.3 因果关系分析 ················· 050

  3.4 健康损害归因分级判定标准 ················· 056

3.5 质量控制 ·· 057

3.6 信息汇总分析 ·· 057

3.7 场地土壤生态环境和人体健康损害因果关系判定评估报告（意见书）

编制总体要求 ·· 057

4 因果关系的评价方法 ·· 060

4.1 因果关系评价方法 ·· 060

4.2 交互作用的分析 ·· 084

4.3 混杂因素的控制 ·· 090

5 因果关系评价的类型 ·· 092

5.1 暴露明确型的因果关系评价 ···································· 092

5.2 效应明确型的因果关系评价 ···································· 094

5.3 暴露、效应均未明确型的因果关系评价 ······················ 095

6 环境污染致健康损害的司法鉴定 ···································· 097

6.1 概念 ·· 097

6.2 司法鉴定中环境污染和健康损害因果关系判定的具体内容 ······· 098

6.3 案例分析 ·· 101

6.4 展望 ·· 107

7 化学原料和化学制品污染与健康损害 ································ 111

7.1 化学原料和化学制品污染场地 ·································· 111

7.2 持久性有机污染物致人体健康损害研究进展 ·················· 112

8 矿山污染与健康损害 ·············· 122

8.1 镉 ·············· 122

8.2 铅 ·············· 127

8.3 汞 ·············· 131

8.4 砷 ·············· 135

8.5 铜 ·············· 140

8.6 镍 ·············· 143

8.7 铬 ·············· 144

9 石油化工污染与健康损害 ·············· 148

9.1 多环芳烃场地污染 ·············· 148

9.2 多环芳烃暴露人群 ·············· 149

9.3 多环芳烃暴露途径 ·············· 151

9.4 多环芳烃的毒理学证据 ·············· 153

参考文献 ·············· 163

1 环境污染健康损害因果关系判定概述

"健康中国"是我国新时代重大战略，保障公众健康是环境保护的出发点和落脚点。当前我国对环境与健康监测、调查和风险评估制度建设及技术体系建立高度重视。因果关系判定是环境损害鉴定评估过程中难度最大的环节。对于土壤和地下水环境而言，可能存在污染来源不明确、存在多个污染来源或者污染来源明确但证据不足等多种情况，均需要开展因果关系判定。同时，解决环境污染损害纠纷的关键是证明健康损害是否是由环境污染引起的，即证明暴露于环境污染因素和健康损害之间的因果关系，这可以为环境污染损害纠纷的司法诉讼提供科学、充分的评价依据。因此，适时地制定场地土壤生态环境和人体健康损害因果关系评估的标准，可以帮助解决目前环境污染引发的健康损害诉讼中因果关系认定的难题，为污染场地土壤的安全利用提供科学支撑，为我国已存在的污染场地未来的生产和生活使用、保障土地价值提供科学指导和综合管理策略。

原因和结果是揭示客观世界中普遍联系的事物具有先后相继、彼此制约特性的一对范畴，因果关系则是现象或事物之间所存在的一种普遍的、内在的、必然的联系。在进行环境病因学（Environmental Etiology）研究时，首先要了解健康效应（Health Effect），例如因环境污染行为导致人的生命、健康、身体遭受侵害，造成人体疾病、伤残、死亡或精神状态的可观察或可测量的不利改变的健康损害或疾病与某种（些）因素是否有关联，其次判别关联的意义，从而在诸多因素中找出与健康效应或疾病的发生存在因果关系的环境因素。

1.1 关联

关联（Association），或称为联系，指的是两事物之间存在密切的数量关系。狭义的关联仅指分类相关。而广义的关联可包含相关的不同表现形式，如反映暴露 – 效应关系的积差相关或等级相关，以及反映分布一致性的生态学相关。

1.1.1　虚假关联

虚假关联（Spurious Association），也称为人为关联，是指本来两事物间不存在统计学上的关联，但在研究过程中，由于没考虑到设立对照组、对照组选择不当、观察指标不客观、样本的代表性不强或其他偏倚存在，造成研究因素与疾病间存在虚假关联。例如，某地甲型病毒性肝炎流行，发病者均为学龄儿童，并都有饮用井水的历史，因而认为该病是由于井水受污染所致；但是经病例对照研究，患者与健康者所饮用的井水无显著性差异，假象即被排除。在流行病学研究中，暴露与疾病间的虚假关联主要由选择偏倚和信息偏倚所致。

（1）选择偏倚

在流行病学研究中，当按照一定条件识别研究对象时，从选入的研究对象中获得有关暴露因素与疾病的联系，而偏离了源人群中该因素与疾病之间的真实联系，即认为存在选择偏倚。选择偏倚是由被选入研究中的研究对象与没有被选入者在暴露或疾病有关特征上的差异所造成的系统误差。选择偏倚有多种，因研究对象的纳入方式和条件而异，在不同的流行病学研究中存在不同的选择偏倚，如入院率偏倚、现患－新发病例偏倚、检出偏倚、失访偏倚及无应答偏倚等。

例如，有学者对绝经期妇女开展了口服雌激素与子宫内膜癌关系的病例对照研究，发现两者之间存在高度的关联，结论是口服雌激素是子宫内膜癌的危险因素。但在此后的其他研究中发现，有关口服雌激素与子宫内膜癌的关联主要是选择偏倚所致。因为绝经期妇女口服雌激素者易发生子宫出血而去医院就诊，从而在子宫内膜癌的早期阶段即被发现并被选入病例组，使得病例组中选择性纳入大量口服雌激素的子宫内膜癌患者，而那些没有服用雌激素的患者，由于多数没有子宫出血症状，减少了去医院就诊的机会，因此以医院发现的这些患者作为研究对象，过高估计口服雌激素与子宫内膜癌的关系。

为了更好地控制选择偏倚，在研究设计中应明确对象的纳入标准、统一疾病诊断和监测程序。所有纳入研究的对象都必须符合事先设立的纳入标准，包括疾病诊断标准和暴露判别标准。应尽可能选取合格的新发病例，避免来自幸存者的偏倚，并做好研究的宣传和解释工作，以提高应答率和随访率。

（2）信息偏倚

信息偏倚，又称观察偏倚，是指在研究的实施阶段从研究对象获取研究所需信息时产生的系统误差。其主要危害在于研究中的测量误差，如资料收集不准确或不完整等，造成对研究对象的暴露程度或疾病结局的错误归类，影响结果估计的有效性。因此，此类偏倚又常被称为错误分类偏倚或错分偏倚。如果暴露或疾病的错误分类同研究分组无关，即各比较组间不存在差异，则称为无差异性错分。它在大多数情况下模糊了研究组间的差异，一般使研究效应的估计值偏低（趋向于无效应值或无关联）。如果暴露或疾病的错误分类同研究分组有关，即在各比较组间存在差异，则称为差异性错分。由于错误分类在组间存在差异的方向可能不同，故可造成高估或低估研究效应值。根据导致信息不准确的原因，信息偏倚又可分为回忆偏倚、报告偏倚、测量偏倚等。

例如，研究新生儿出生缺陷往往以出生缺陷儿为病例组、非出生缺陷儿为对照组，暴露因素主要来源于研究对象的母亲回忆。在信息调查过程中，严重出生缺陷新生儿的母亲因为受不良妊娠结局的影响，能够很详细地回忆孕期的各种暴露情况，如服用非处方药、发热、感冒等；而对照组母亲没有受到相应事件的刺激，孕期暴露情况可能会受到信息偏倚的影响，由此获得的结果可能会高估调查因素与新生儿缺陷之间的关系。

信息偏倚的根本原因还是在于研究设计过程中对调查表设计、指标设立和检测方法的选择缺乏科学性和合理性。因此，在研究设计阶段，应尽量选用客观定量指标，可建立回忆指征来帮助调查对象回忆相应情景，也可利用实物或照片来获取准确信息。为了避免主观诱导对象，应严格培训调查员，在临床试验中可以采用"盲法"，以消除主观因素对研究结果的影响。研究中的各种测量仪器、试剂和方法都应标准化。

1.1.2 间接关联

间接关联（Indirect Association），亦称继发关联（Secondary Association），通常指由混杂偏倚所致的关联。如果某事物 A 既能引起 B，又能引起 C，则 B 和 C 存在统计学关联（Statistical Association），但是这种关联只是间接关联。例如患肺癌者比非肺癌者较多并发胃溃疡，因此肺癌与胃溃疡之间存在联系，但仅是间接关联而已。因为这两种病都分别与吸烟有关，不能期望治愈胃溃疡以减轻肺癌，反之亦然。混杂偏倚（Confounding Bias）指暴露因素与疾病发生的关联程度受到其他与所研究的暴露因素和疾病都有联系的其他外部因素的歪曲或干扰，引起混杂偏倚的因素称为混杂因素，它是疾病的危险或保护因素，并且与研究的暴露因素存在相关。

当一个潜在混杂因素在研究组间分布不均衡时，才能起到混杂作用，产生混杂偏倚。混杂作用可以在任意方向上造成偏差，既可以高估效应，也可以低估效应。例如有研究表明，吸烟与酒精性肝病的发生有联系，但吸烟又常与饮酒同时存在，经分析发现后者是酒精性肝病的重要危险因素，而观察到的吸烟与酒精性肝病之间的联系是由饮酒所产生的混杂作用造成的。

作为潜在的混杂因素必须具备以下 3 个特征：混杂因素必须是所研究疾病的危险因素；混杂因素必须与所研究的暴露因素存在统计学联系；混杂因素不应是暴露因素与疾病因果链中的一个中间环节。

混杂作用可发生在研究的各个阶段，通过良好的设计、周密的分析和合理的解释可避免混杂因素对研究结果的影响，从而发现所研究疾病的各种危险因素。常用的控制混杂的方法包括限制条件、匹配、随机化和多因素分析等。将研究限制在具有一定特征的对象中进行，可以排除混杂因素的干扰，但需注意研究对象的代表性问题。队列研究和病例对照研究可以通过匹配使两个比较组在一个或多个潜在混杂因素上分布相同或相近，从而控制混杂因素对研究结果的影响。实验研究常运用随机化原则将研究对象以相等的概率分配到各处理组中，使潜在的混杂因素在各组间分布均衡。在临床试验研究中，随机分组是消除混杂偏倚最好的方法，它不仅平衡了治疗组和对照组中已知的各种可能影响疗效或预后的因素，而且也平衡了各种未知的可能影响疗效和预后的因素。

1.1.3　因果关联

因果关联（Causal Association）是指一定的原因产生相应的结果。在排除虚假关联和间接关联后，才能对两事物间的因果关联进行判定。因与果在空间上总是相伴存在，在时间上总是先后相随。因果关联有以下几种联系方式：

（1）单因单果

即一种因素仅可以引起一种疾病或结局，而且该疾病或结局只由该因素引起。这是传统的病因观，也是因果关联的特异性概念。但事实上这种情况几乎不存在，即使是有"必要病因"的传染病，其病因也不是单一的，因为除了病原体外，还存在宿主易感性等因素的影响。例如，机体感染了结核杆菌后是否发生结核病，与个人的体质、营养、免疫状态、劳动条件、环境条件（包括居住密度、经济条件等）等有关。因此，应避免运用单一病因的观点研究病因，防止得出片面或错误的结论。

（2）单因多果

即一个因素可以引起多种疾病或结局。例如，吸烟既能引起慢性支气管炎，又能引起肺癌等 20 多种癌症，还可增加高血压、胃溃疡等疾病的发病风险，从病因的多效应来看，无疑是正确的，但是这些疾病也并非仅仅由吸烟引起。

（3）多因单果

即多种因素引起一种疾病或结局。如吸烟、高血压和高血脂可以引起心血管疾病，但是这些因素并非仅导致这一种疾病。多因单果从疾病发生的复杂性方面解释了病因的致病作用。由此可以看出，多因单果和单因多果都各自反映了事物的某个方面，存在一定的片面性。

（4）多因多果

即多种因素可以引起多种疾病或结局。如肥胖、缺乏体力活动、吸烟、钠盐摄入过多等可以引起心肌梗死、高血压、结肠癌等疾病。多种疾病的多个病因可以是完全相同的，也可以是部分相同的。多因多果的病因观全面地反映了事物的本质。

在医学上，从分子生物学水平到病理学水平的不同层次之间的关系，须经过严密的科学论证，才能判定两个事实间是否存在着因果关系。从流行病学角度来说，因果关系作为一种概率论的因果观，是指病因与疾病之间，前者引起后者的关系，即某因素可以提高疾病的发生率，控制了该因素就能够降低疾病的发生率。统计学关联（相关）是判断因果关系的基础。如果在统计学上的相关中，某事物经常继另一事物之后而发生，即相关的一方发生变化时，另一方也发生变化，那么这时二者之间的关系可能是因果关系。

1.2　暴露 - 效应关系

1.2.1　暴露 - 效应关系的概念

暴露（Exposure）是指一种及一种以上的生物、化学和物理因子与人体在时间和空间上的接触。暴露 - 效应关系（Exposure-Effect Relationship）是指环境因素在区域中的负荷水平（环境暴露量，Environmental Exposure）或该因素在人体中的负荷水平（生物暴露量，Biological Exposure）与相应的人群健康效应水平之间的对应关系。如果环境因素的空间（地域）分布是有层次、有梯度

（浓度、强度）的，其相应的暴露人群的健康效应发生率或效应强度也存在相应的层次性和梯度性，这样就构成了暴露－效应关系。它是考察环境污染导致健康效应的最有力工具，也是论证因果关系的最有力方法。

1.2.2　暴露－效应关系的类型

（1）直接的暴露－效应关系

直接的暴露－效应关系分析的优点是不必强调取得生物暴露量的地域分布梯度，只需将人群按暴露水平分为若干亚群，构成暴露梯度，分别观察各亚群的效应强度、效应率，获取与暴露水平相对应的效应资料，即可进行暴露－效应关系分析。这种类型的暴露－效应关系比较简单明了，常见于简单的突发性环境污染事故或污染源单一所致的急性健康损害，生物暴露量与对应健康效应之间的关系。

（2）间接的暴露－效应关系

环境有害因素可以导致局部或者更广泛区域的生态系统破坏，进而对人类健康产生长期的、间接的影响。当暴露指标采用生物暴露量时，暴露－效应关系在是否存在因果关系这一层面上，只具有间接的意义。如果能证明环境暴露量与生物暴露量之间呈线性或非线性关系，则间接的暴露－效应关系分析的价值可以等同于直接的暴露－效应关系，否则，研究所获得的暴露－效应关系只具有间接的病因学意义。这一类型暴露－效应关系的病因学性质，在医学上仍是可以解释的，因此仍然可视为污染物导致健康效应的确切证据。例如，在欧洲西部某些国家为减少工厂附近居民的暴露水平，绝大多数的工厂加高烟囱，并非减少排放，该做法导致了跨境的空气污染，进而相邻国家也出现了慢性阻塞性肺疾病患者增多的现象。

（3）性质未定的暴露－效应关系

该类型的暴露－效应关系，常见于原因不明疾病的环境病因学研究。当环境污染相关的健康现象缺乏满意的医学解释，很难判断二者之间存在确定的因果关联时，暴露－效应关系的性质常难以确定。但是，可以推测在这种现象的背后隐藏着某种真正的病因。因此，这种关系值得进一步研究。

（4）相关趋势

暴露水平与效应水平之间没有明显的线性或非线性关系，但是可以观察到如下现象：在低暴露地区，低水平效应较高水平效应为多；相反的是，在高暴露地区，高水平效应较低水平效应为多。

该类型的特点是只有暴露水平偏高时，健康效应显现才比较明显。其缺点是相关趋势可能存在偶然性，因此必须判断其是否具有显著性，即经过统计学分析（相关趋势分析）来检验其有无意义，以排除偶然性的关联。该类型多见于暴露与健康效应均未知时的因果关系研究，可以通过不同的侧面来观察某种暴露与健康状况恶化之间的相关趋势。

（5）剂量–反应关系

剂量–反应关系（Dose–Response Relationship）是从毒理学引入的一个概念。如果能够获得精确的生物暴露量（内暴露量），即可形成剂量–反应关系。此处是指人群接触有害物质的平均剂量与其相应的健康损害或疾病频率之间的关系。人群接触有害物质的剂量大小，与疾病发生的频率大小相对应。如果被怀疑的因子确实是某种疾病的真正原因，必然会呈现剂量–反应关系，剂量越大，反应率越大。

关于剂量–反应关系的可用流行病学信息的系统综述，定义清楚和严密设计的流行病学研究可获得剂量–反应关系。在其他情况下，meta 分析将具有相同研究目的多个独立研究结果进行系统分析、定量综合，其有效性取决于推导该关系的研究质量、研究的选择以及用于汇集结果的过程。

根据世界卫生组织准则，meta 分析过程至少应包括：

①提供暴露定量信息或与此类信息联系的研究列表。

②根据明确的纳入标准选择研究。

③对已发表结果的 meta 分析：提出问题、背景和目的；检索相关文献，制定资料收集策略；纳入和排除。

④研究的标准：范围适当；评价每个研究的质量；提取每个研究的资料——基线、方法学质量及结果；分析资料——统计处理、meta 分析图表；得出结果；讨论——证据的可靠性、临床意义、研究意义；结论。

meta 分析中需要考虑的重要问题：

①用于 meta 分析的研究质量和选择标准。

②文献检索的完整性。

③暴露评估的质量。

④暴露的暂时性。

⑤已发表研究与正在进行风险评估的人群的相关性。

此外，推断在现有流行病学研究中观察到的超出范围的关系时，必须说明这种推断有效性的论据。

剂量－反应关系实际上是一种多级比较，规律性更加明显，与两组比较法研究相比，其所得的结果更可靠。但是，需要指出的是，即便不存在这种梯度，也不能排除其因果关系。

1.3　环境污染和人群外暴露与内暴露评估

根据已有的资料，进行全面的调查和检测，核实、认定暴露因子和健康效应，并仔细研究健康效应的分布，找出其分布的特点，通过分布的特点可以提出关于病因的各种假设。

（1）环境污染和人群外暴露评估

暴露评估按以下步骤进行：

步骤1——描述暴露特征。在这一步骤中，评估员根据场地的一般物理特征和场地上及附近人群的特征来描述暴露情形，包括识别基本的场地特征，如气候、植被、土壤、地下水以及地表水的存在和位置，还应识别并描述影响暴露的特征，例如相对于场所的位置、活动模式和敏感人群的存在。这一步骤考虑了当前人群的基本特征，以及未来人群的潜在特征。

步骤2——识别暴露途径。在这一步骤中，评估员需要确定人群可能的暴露途径。每种暴露途径都具备一种独特的机制，通过该机制，人群可能会接触到现场或来自现场的化学物质。根据现场化学物质的来源、释放、类型、位置、可能的环境命运（包括持久性、分配、运输和中间物转移）以及潜在暴露人群的位置和活动，来确定暴露途径、每种暴露途径的接触点（可能接触化学品的点）和暴露方式（例如摄入、吸入）。

步骤3——暴露量化。在此步骤中，评估员量化步骤2中确定的每种暴露途径的暴露量、频率和持续时间。这一步骤通常分两个阶段进行：估算暴露浓度和计算摄入量。

估算暴露浓度：在步骤3的这一阶段中，评估员需要确定在暴露期间接触的化学物质的浓度。使用监测数据和（或）化学迁移和环境归宿模型估算暴露浓度。模型可用于估算当前受污染或可能受到污染的介质中的未来化学浓度，以及介质和（或）无监测数据地点的当前浓度。

计算摄入量：在步骤3的这一阶段中，评估员需要计算步骤2中确定的每种暴露途径的化学特定暴露量。暴露估计值以每单位体重/单位时间内与身体接触的物质质量表示。这些暴露估计值被称为"摄入量"并用于表示标准化的暴露率。通过使用包括暴露浓度、接触率、暴露频率、暴露持续时间、体重和平均暴露时间等变量的方程式计算化学物摄入量，其中某些变量的取值取决于场地条件和潜在暴露人群的特征。

在计算摄入量后，评估和总结不确定性的来源（例如分析数据的可变性、建模结果、参数假设）及其对暴露估计的影响。

①步骤1：暴露特征描述。

评估化学原料和化学制品污染场地环境暴露的第一步是根据现场和附近人群的物理特征描述该场地。这一步是对现场和周围人群暴露特征进行定性评估。在此步骤中收集的所有信息将支持步骤2中的暴露路径识别。此外，关于潜在暴露人群的信息将在步骤3中用于确定某些摄入量变量的值。

a.根据现场的一般物理特性描述暴露特征。重要的场地特征包括：

• 气候（例如温度、降水量）。

• 气象学（例如风速和风向）。

• 地质环境（例如下伏地层的位置和特征）。

• 植被（例如无植被、森林、草地）。

• 土壤类型（例如砂质、有机质、酸性、碱性）。

这些信息主要来源于现场描述和初步评估等。地质调查局提供的土壤调查图、湿地地图、航空照片和报告。评估员还应根据需要适当咨询相关技术专家（如水文地质学家、空气模型师），以确定现场特征。

b.描述潜在暴露人群的特征。

根据相对于场所的位置、活动模式和敏感人群的存在，描述场地上及附近的人群特征，确定当前人群相对于场所的位置，进而确定潜在暴露人群与现场的距离和方向，以及确定离现场最近或实际生活的人群。这些信息的潜在来源包括：

• 现场考察。

• 在现场附近进行的人口调查。

- 地形、土地使用、住房或其他地图。

- 商业和娱乐渔业数据。

确定当前土地利用，描述潜在暴露人群的活动和活动模式。包括以下土地利用类别：

- 住宅区。

- 商业／工业区。

- 娱乐区。

确定现场和周围区域的当前土地用途，最好的信息来源是实地考察。寻找房屋、游乐场、公园、商业、工业或其他用地。当前土地用途的主要来源包括：

- 分区图。

- 地方分区或其他与土地使用者相关的法律法规。

- 人口普查局的数据。

- 地形、土地使用、住房或其他地图。

- 航空照片。

在确定场地的土地利用后，确定与每种土地利用相关的人群的活动和活动模式。此项评估并不是基于任何特定的数据源，而是基于对居住区、商业区或娱乐区发生的活动的总体了解。

通过以下步骤描述活动模式：

- 确定潜在暴露人群在潜在污染区域的时间百分比。例如，如果潜在暴露人群是商业或工业人口，则合理的最大每日暴露时间可能为 8 小时（典型工作日）。相反，如果居民是居住区，则最大每日暴露时间为 24 小时。

- 确定活动主要发生在室内、室外，还是两者兼而有之。

- 确定活动如何随季节变化。

- 确定现场本身是否可供当地居民使用，尤其是在不限制或以其他方式限制（例如按距离）的情况下。例如，居住在该地区的儿童可以在现场玩耍，当地居民可以在现场活动。

- 识别可能影响暴露的任何现场特定人群特征。例如，如果该地点位于主要商业和娱乐渔业、贝类渔业区附近，潜在的受影响人群可能会比内陆居民更多的食用当地捕获的鱼类和贝类。

- 确定潜在关注的敏感人群。审察现场区域的信息，以确定是否有任何敏感人群由于敏感性增加、可能导致高暴露的行为模式和（或）当前或过去来自其他来源的暴露而面临更高的风险。可能对化学接触更敏感的敏感人群包括婴儿和儿童、老年人、孕妇、哺乳期妇女和慢性病患者。由于行为模式而产生的潜在高风险人群包括儿童，他们更容易接触土壤，以及可能食用大量当地捕获的鱼类或当地种植的农产品（如自家种植的蔬菜）的人。由于与其他来源的接触而处于较高风险的敏感人群包括在职业活动中接触化学品的个人和生活在工业区的个人。

•确定现场区域潜在关注的敏感人群，确定学校、日托中心、医院、疗养院、退休社区、有儿童的居住区、附近重要的商业和娱乐渔业区以及可能涉及化学品接触的主要行业的位置。使用当地人口普查数据和当地公共卫生部门提供的信息进行确定。

②步骤2：识别暴露途径。

暴露途径描述了化学或物理因素从污染源到个体暴露的过程。暴露途径分析将环境释放的来源、位置和类型与人群位置和活动模式联系起来，以确定人群暴露的重要途径。

a.识别来源和接收媒介。

为了确定在没有补救措施的情况下可能的释放源，确定过去、当前和未来潜在的释放机制和接收媒介，将监测数据与源位置信息结合使用，以支持对过去、持续性污染的分析。例如，旧储罐附近的土壤污染表明储罐（释放源）破裂或泄漏（释放机制）至地面（接收媒介）。除释放源外，一定要注意任何可能是暴露点的来源（例如敞口桶或储罐、地表废物堆或污水池污染土壤）。

b.评估释放介质中的归宿和传输。

评估化学品的归宿和传输，以预测未来的暴露，并将污染源与当前受污染的介质紧密联系，确定接收或可能接收现场相关化学品的介质。在这一阶段，评估员应回答以下问题：现场和环境中化学物质的来源有哪些？它们现在发生在什么媒介中？将来会在什么媒介中和什么地点发生？使用可用数据和简化计算或分析模型进行筛选分析可能有助于进行定性评估。

此外，还应考虑可能影响归宿和传输的特定场地特征。例如土壤的含水量、有机碳含量和阳离子交换容量等特性都会极大地影响化学物质的迁移。使用所有适用的化学和现场特定信息来评估介质内部和介质之间的传输以及单个介质中的保留或积累。使用监测数据来识别现在被污染的介质，并通过归宿路径分析来识别现在（对于未取样的介质）或将来可能被污染的介质。

c. 确定暴露点和暴露路径。

在识别出受污染或潜在污染的介质后，通过确定潜在暴露人群（在步骤 1 中确定）是否以及在何处可以接触这些介质来确定暴露点。考虑该地区的人口位置和活动模式。任何可能与受污染介质接触的点都是暴露点。对于潜在的场外暴露，最高的暴露浓度通常是在最接近现场的位置，以及现场的下坡或下风处。在某些情况下，最高浓度可能出现在远离现场的地方。

确定暴露点后，根据受污染的介质和接触点处的预期活动，确定可能的暴露途径（即摄入、吸入、皮肤接触）。在某些情况下，可能存在暴露点，但可能没有暴露途径（例如，一个人接触污染土壤，但戴着手套）。

d. 将有关污染源、释放、归宿和传输、暴露点和暴露途径的信息整合到暴露途径中。

收集开发的信息，并确定现场存在的完整暴露途径。如果存在污染源或来自污染源的化学物质释放、可发生接触的接触点，以及可发生接触的暴露途径，则途径是完整的，否则，途径是不完整的，例如有一个污染源释放到空气中，但附近无人居住。

对于某些完整的途径，由于缺乏用于估算化学物质释放、环境浓度或人体摄入量的数据，在随后的分析步骤中可能无法量化暴露量。可用的建模结果应补充可用的监测数据，以尽量减少此类问题。然而，与建模结果相关的不确定性可能太大，无法在缺乏验证建模结果的监测数据的情况下进行定量暴露评估。尽管如此，这些途径仍应通过暴露评估进行，以便对风险进行定性评估，或者在对暴露评估结果进行不确定性分析和风险评估时考虑这些信息。

e. 总结所有完整暴露途径的信息。

通过识别潜在暴露人群、暴露介质、暴露点和暴露途径，总结现场所有完整暴露途径的相关信息。还要注意是否选择了途径进行定量评估，如果排除了某个途径，应总结理由。

③步骤 3：暴露量化。

暴露评估过程的下一步是定量评估选择的人群和暴露途径的数量、频率和持续时间。这一步骤通常分两个阶段进行：首先，估算暴露浓度；其次，计算摄入量。

a. 估算暴露浓度。

暴露浓度可通过直接使用监测数据或者结合监测数据和环境条件和运输模型来估计。

通常使用监测数据来估算暴露浓度，包括直接接触监测介质（例如，直接接触含化学物质的土壤或沉积物），或在这种情况下，监测直接接触点（例如，住宅饮用水或公共供水）。对于这些暴露途径，监测数据通常能够提供当前暴露浓度的最佳估计值。

对现有监测数据进行总结是估计暴露浓度的第一步，而数据汇总的方式取决于场地特征和所评估的暴露途径。同时也有必要根据取样点的位置和潜在的接触途径，将来自特定介质的采样数据分成亚组。

在将来自特定介质的采样数据进行分组的情况下，需要计算每种暴露介质和每种化学物质的算术平均浓度的 95% 的置信上限。

在某些情况下，当不适于单独使用监测数据时，需要构建相关模型来估算暴露浓度。例如：

•暴露点与监测点在空间上是分开的。如果暴露点离污染源较远，并且存在释放和传输到暴露点的机制（例如地下水传输、空气扩散），则可能需要建立环境模型。

•时间分布的数据缺乏。一般来说，调查数据是在相对较短的时间内收集的。然而，暴露评估通常需要长期和短期的暴露估算。虽然在某些情况下，可以合理地假定浓度在很长一段时间内保持不变，但监测数据的时间跨度不足难以预测未来的暴露浓度。因此，进行这些预测可能需要建立环境模型。

•监测数据受定量限制。某些化学品可能具有较强的毒性或生物蓄积性，即使在浓度低于定量限时仍可能对机体健康产生影响。在这些类型的情况下，有必要建立模型进行暴露估算。

估算暴露浓度的难易程度取决于现有数据的类型和数量、评估所需的详细程度以及可用于评估的资源。一般来说，估算暴露浓度将涉及分析现场监测数据和应用简单的筛选级分析模型。决定工作水平的最重要因素是可用数据的数量和质量。

由于现场筛选数据的分析方法不敏感，且质量控制不严格，因此不能直接估算暴露浓度，需要经过验证的气相色谱质谱实验室数据，并进行适当的质量控制，以支持定量暴露评估。

在评估土壤接触暴露的监测数据时，数据的空间分布是一个关键因素。如果假定土壤接触暴露在空间上是随机的（即接触场地所有区域的土壤的概率相等），那么土壤污染的空间分布可作为估算一段时间内接触的平均浓度的基础。来自随机抽样或均匀间隔网格样本的数据通常可以代表整个站点的浓度。然而，在许多站点中，采样程序的设计只是为了确定明显的污染土壤或热点地区的特征。因此在评估这些数据集的暴露浓度时必须谨慎。在估算直接接触途径的当前接触浓度时，不应考虑来自不现实的直接接触地区（如陡峭的斜坡或茂密的植被阻止电流进入的地区）的样本。同样，也要考虑样品的深度，如果直接接触表层土壤或吸入粉尘是现场潜在的暴露途径，那么表层土壤样本应与地下样本分开进行评估。

在某些情况下，污染并不会不均匀地分布在一个场地上，而是产生热点（相对于场所的其他区域污染严重的地区）。如果一个热点位于邻近地区，而该地区由于场地或人口特点而更被经常使用，则应分别评估该热点的暴露情况。在对某一热点的监测数据求均值时，应考虑预期活动将发生的区域。例如，平均一个住宅后院面积的土壤数据可能最适合评估住宅土壤路径。

b. 计算摄入量。

• 经呼吸道暴露。

呼吸摄入挥发性气体：

$$摄入量 = CA \times IR \times ET \times EF \times ED/BW \times AT$$

呼吸摄入污染颗粒物：

$$摄入量 = CS \times （1/PEF） \times IR \times ET \times EF \times ED/BW \times AT$$

式中：CA 为空气中挥发性气体浓度（mg/m^3），根据监测或模拟预测结果而定；IR 为摄取速率（m^3/d），一般成年人 95% 上置信区间值为 30 m^3/d，均值为 20 m^3/d，不同年龄段、不同性别及活动方式的摄取速率不同，需视场地情况而定；ET 为每次事件暴露时间（h/次），视情况而定；EF 为暴露频率（d/a），随场地利用类型变化较大，一般居住区为 365 d/a；ED 为暴露期（a），根据美国环保局的统计保守估计为 70 a；PEF 为土壤尘产生因子（m^3/kg），一般假设为 $1.32 \times 10^9 m^3/kg$；BW 为人群平均体重（kg），一般成年人为 70 kg，不同年龄段不同；AT 为平均暴露时间（d），非致癌效应平均暴露时间为 ED × 365 d，致癌效应平均暴露时间为 70 × 365 d；

• 经消化道暴露。

$$摄入量 = CF × IR × FI × ABS_{gi} × EF × ED/BW × AT$$

CF– 食物中污染物质的浓度（mg/kg），根据对食物的监测而定；IR– 食物摄取速率（kg/meal），根据污染场地潜在暴露人口生活方式而定；FI– 摄入的食物来自污染源的比例，根据实际情况取值，取值范围为 0~1（无量纲，缺省值为 1）；ABS_{gi}– 肠胃吸收因子（无量纲），为污染物特性数据；EF– 暴露频率（meal/a），根据暴露人口生活方式而定；其他参数同上。

• 经皮肤暴露。

$$吸收率 = CS × CF × SA × AF × ABS × EF × ED/BW × AT$$

式中: CS 为土壤中污染物质的浓度(mg/kg)，根据监测或模拟预测结构而定；ABS 为皮肤对污染物吸收因子（无单位），化学物质特性值；SA 为暴露皮肤表面积（cm^2）AF 为土壤对皮肤的黏附系数（mg/cm^2），一般陶土为 1.45 mg/cm^2，高岭土为 2.77 mg/cm^2；其他参数同上。

（2）环境污染和人群内暴露评估

内暴露是指实际被有机体吸收的物质的量，这部分物质通过多种途径（如呼吸、摄食、皮肤等）进入生物体，参与了生物体内的吸收、分布、代谢、转运和排泄过程。通过内暴露检测既可以测定污染物原型，也可以测定其代谢物。当生物体长期暴露于污染物中，或者污染物在生物体内蓄积时，内暴露评估就成为一种非常直观有效的暴露评价手段。

内暴露评估是通过检测生物体体液或组织中的代谢物或其他化合物来反映个体化学物的暴露水平，即利用生物标志物来评价化学污染物的暴露情况。生物标志物包括内剂量生物标志物、效应剂量生物标志物、早期效应生物标志物和遗传易感性生物标志物。与传统的通过环境监测数据及问卷调查获得的外暴露数据相比较而言，基于生物监测手段获取的内暴露数据更为精准。

1.4　建立因果关系的工作假设

环境流行病学因果关系的工作假设是在上述资料和描述性研究的结果上发展起来的，是根据疾病分布和医学知识进行推理而建立的。有以下几种方法可以帮助研究工作提出假设。

（1）求异法

求异法（Method of Difference）又称"同中求异法"，是指在相似的事件之间寻求不同点。如新疆察布查尔病的流行区，锡伯族的发病率较其他民族高，流行病学调查发现，锡伯族人喜吃一种特殊的食物——米送乎乎（自制甜面酱的半成品，意为面酱），由此怀疑食用该食物是引起该病的原因，经证实该食物被肉毒梭状杆菌毒素污染。

（2）求同法

求同法（Method of Agreement）又称"异中求同法"，是指在不同的事件中寻求其共同点。如果不同情况下的患者均具有相似的环境暴露，则这种环境暴露有可能是病因。例如某地在春节期间发生百余名症状相同的不明疾病，经调查发现患者均有吃涮羊肉的经历，而所吃的羊肉有旋毛虫寄生；在沙门菌引起的某一地区食物中毒调查中发现，不同的人群中如学生、教师及工人暴露于某可疑食物者发病，未暴露者不发病；又如除男性同性恋者艾滋病高发外，静脉吸毒者、接受血液制品者也易发生艾滋病，因此可以推测，血液或体液是该病传播的危险因素。

（3）共变法

共变法（Method of Concomitant Variation）是指某因素出现的频率和强度发生变化时，某病发生的频率与强度也随之变化，则该因素很可能是该病的病因，二者间往往呈剂量－反应关系。例如在吸烟与肺癌的研究中，有明确的研究证据表明日平均吸烟量越多的人，死于肺癌的概率越大，从而提示吸烟与肺癌之间可能存在因果关系；在氟骨症严重的地区饮水中氟含量也高，所以怀疑高氟可能是氟骨症的危险因素。

（4）类比法

类比法（Method of Analogy）是指当环境污染所致的某疾病或健康损害的分布与已知的某病或健康损害呈现相同的分布时，则可考虑两种疾病或健康损害存在某种共同的因素。例如，克山病的病因未知，但克山病的分布与动物的白肌病的分布一致。动物的白肌病是由于动物缺硒，而且克山病的病理变化与动物白肌病的病理变化一致，由此可推测，人类的克山病与动物的白肌病的病因可能有相同之处，即与缺硒有关，给予补硒治疗，克山病患者的病情得到缓解，进一步证实了这一假设。

（5）排除法

排除法（Method of Exclusion）指通过对假设的排除而建立假设的方法。研究病因的过程中有时会产生若干假设，在许多条件相同的人群中采取排除方法，对已知不可能引起某种医学事件的因素逐一排除，最后保留下来没有任何排除依据的某一因素可能就是引起该医学事件的原因。1972年，上海发生桑毛虫皮炎的流行，调查组在调查诸多相关的因素中，逐一排除了工厂废气、植物花粉和吸血节肢动物及其他毒蛾后，怀疑该病为桑毛虫所致，最后这一假设也得到了证实。

1.5　暴露 - 效应关系模式

环境污染物对人群的作用具有长期性、低浓度、多因素和慢性作用的特点，这也决定了其对人体健康效应具有不确定性的特征。同时这些环境污染物，在低剂量下对健康效应的作用绝大多数表现为非特异性，即一种环境暴露物对人群健康可产生一种以上的效应影响，其中有主要效应（Main Effect）和次要效应（Secondary Effect）影响，甚至还会出现一些微弱效应（Micro-Effect）影响。反之，同类型效应表现可能来自各种不同暴露物的综合作用（可能以一种暴露物为主）。由于这些效应处于效应阈值附近或低于效应阈值，因此这种暴露 - 效应关系就表现为多元多位的综合关系。从宏观系统论观点研究该暴露 - 效应关系的结构，可以发现环境暴露和健康效应体系均为彼此联系的两大系统。用系统论的方法学来研究暴露 - 效应关系将有助于进一步阐明在健康效应阈值附近的两个系统之间的有序关系和分析它们的效应结构。

暴露 - 效应关系一般呈S形曲线，它们具有上限和下限的渐近线，说明在暴露量很低时几乎没有人出现效应，而随着暴露量的增加出现某种效应的人数也增加，当暴露量增至一定水平时几乎每个人都出现这种效应。因此，存在无个体出现该效应的最高暴露剂量和全部个体均出现该效应的最低暴露剂量。如果高暴露引起的不良影响能产生生物学效应，那么就能证明暴露 - 效应关系的合理性，进一步证实存在因果关系。在暴露因素还没有达到发生效应的"阈值"或者已经达到饱和，则暴露 - 效应关系不明显，但不能因此而否定因果关系的存在，需通过其他方法鉴别或排除。

2 环境污染和健康损害因果关系

环境污染物通过环境介质作用，对人体健康产生损害，这种污染物与产生的健康损害之间存在客观的、必然的联系。即环境污染是原因，健康损害是结果，环境污染在前，健康损害在后。这是一种客观的、事实上的因果关系，称之为"确定性因果关系（Deterministic Causality）或事实性因果关系"。

这一概念强调在因果关系评价中，应科学地评价环境污染产生的条件、构成、影响因素、迁移转化、健康损害后果等事实，从而为判定环境因子与健康损害之间的关系提供依据。

针对环境污染和健康损害因果关系评价的研究是从环境污染事实出发，根据一定的评价原则，综合运用评价方法，排除非环境污染因素的影响和混杂因素的干扰，进而揭示因果关系的复杂过程。

2.1 环境污染和健康损害因果关系理论

环境污染导致的健康损害结果具有复杂性和复合性，健康损害者作为弱势群体要证明环境污染与健康损害结果之间具有本质的、必然的联系是不现实的，鉴于此，一些西方国家在解决环境污染纠纷中普遍采用因果关系推定原则，但关于因果关系的理论大多是法学家根据法学理论及语言阐述的，其他领域并没有形成较成熟的理论体系。在环境污染致健康损害的判定中，最关键、最复杂的是因果关系判定问题。在因果关系判定过程中，不仅要靠法律，而且需要强有力的医学理论支持。

2.1.1 国外主要因果关系理论

（1）日本

①概率性因果关系理论。

该理论的主要思想是，在环境污染致健康损害判定中，两者之间因果关系是否存在，只要环境污染行为和健康损害结果之间达到"如果没有该环境污染行为，就不会发生此种健康损害结果"的某种程度的必然性，即可认定具有因果关系。它是在解决公害问题中产生的一种因果关系判定理论。

日本加藤一郎教授提出的优势证据学说对环境污染致健康损害因果关系判定有很大的借鉴性。主要内容是，健康损害者在证明健康损害由污染物质引起的过程中，由于受科学技术和医学发展的限制，某些因果关系无法揭示，因此只要能证明暴露于污染环境比不暴露更可能引起健康损害，而且这种可能性联系只要大于50%，就能够认定因果关系存在。美国越战落叶剂案就依此判决。

优点：这种证明方法降低了因果关系判定的难度，健康损害者无须证明环境污染是否有100%的可能引起健康损害，只要证明暴露比不暴露更能引起健康损害，而且这种可能性达到50%即可。

缺点：由于受科学技术和医学发展的限制，有些因果关系必定无法揭示。如果双方提出的因果关系判定证据都无法达到要求的概率（50%），则无法判定，而且这种可能性联系是达到50%还是80%由判定者得出，外界无法确切得知。鉴于此学说的缺陷，目前并没有被广泛采用。

②流行病学因果关系理论。

鉴于环境污染多数对人体和生命健康造成损害，有学者便提出以流行病学的方法来证明环境污染行为与健康损害结果之间的因果关系，从而创立了流行病学因果关系理论。其基本思想是，采用流行病学群体性统计方法，从环境污染与健康损害的分布分析可疑污染物及关系较大的因素，运用医学知识判断环境污染区域内的受害者发生了某种程度健康损害，并判断可能引起此种健康损害的可疑污染物，然后用实验医学方法确证该种污染物能导致受害者的健康损害。若受害者居住区附近的一些污染源排放了某种污染物，经过实验方法又证实该污染物能导致此种健康损害的发生，加上一定的统计数据支持，则可判定健康损害与环境污染之间存在着因果关系。

运用该理论判定因果关系主要考虑：环境污染在健康损害之前发生作用；污染因素作用程度越显著，健康损害者出现频率越高；污染因素作用降低，健康损害的频率或程度下降；因果关系结论符合生物学知识。满足以上的条件，并有一定的统计数据说明，即可判定排污者排放含有某污染物的排污行为与健康损害结果之间存在着因果关系。

流行病学因果关系理论对于环境污染和健康损害因果关系判定难题的解决具有十分积极的意义，对于复杂原因造成的非特异性健康损害，也可采用此理论判定。该理论在实践中被广泛应用，日本的富士山骨痛病案和四日市哮喘病案就依此判定。

优点：流行病学因果关系理论在一定程度上降低了判定的难度，尽管此理论不能得出完全正确的判定结论，但它提出了两者因果关系判定的具体可操作的标准，又可以对复杂的因果关系做出有效的判定，对医学者来说很有借鉴性。如果缺乏有效的流行病学证据，一项关于暴露因素和健康损害效应的研究是不能建立起因果关系的。

缺点：由于个体间存在年龄、性别、免疫力、敏感性等的差异，在环境污染地区范围内可能引起的不是群体健康损害而是个体现象，而流行病学又是一门研究群体的学科，此种情况下就很难用有效的统计学方法确定环境污染因素与健康损害之间的关系；对环境污染造成的非特异性健康损害，加上时间间隔，以现在的流行病学调查结果估计每个健康损害者都与环境污染存在着因果关系是不实际的。而且如果健康损害者要靠法律解决的话，需要更科学的严密性。

③个体因果关系理论。

此理论是针对流行病学因果关系理论无法判定个体健康损害的情况而提出的，是对流行病学理论的一个完善。一般情况下，可以根据流行病学因果关系理论的一般原则认定因果关系。若遇到特殊情况，只要不能否认两者因果关系存在的可能性，结合受害者的医学诊查结果、病理症状，即可判定其因果关系。日本千叶制铁公害诉讼就依此判定。

优点：弥补了流行病学因果关系理论只限于群体健康损害的不足，使因果关系理论更加完善。

缺点：与流行病学因果关系理论基本相同。由于环境污染大多数情况下造成非特异性健康损害，随着时间和环境的改变，加上个体可能患有其他疾病，认定环境污染造成的个体健康损害会存在一定的风险和困难。

（2）美国

①美国在环境污染和健康损害因果关系判定方面主要有两种典型方法。一是优势证据方法。该方法认为，如果判定者认为环境污染引起健康损害的可能性大于50%，即可推定因果关系存在；否则因果关系不存在。二是不言自明方法。依该方法，受害者只需证明：如无环境污染，则健康损害一般不会发生；健康损害的发生由工厂或企业控制的工具或媒介引起；发生健康损害的受害者没有参与，也不是自愿的，即可认定因果关系存在。

优点：减轻了受害者的证明难度，工厂或企业控制的工具或媒介造成的环境污染损害也可以判定，有效保护了健康损害者的利益。

缺点：给环境污染者提供了排除因果关系存在的机会。当环境污染者掌握的资料有大于 50% 的可能性证明因果关系不存在时，则比较难判定。而且健康损害者是弱势群体（个人），无从查清工厂或企业控制的工具或媒介，则给判定带来了一定的困难。

②无因果关系责任理论是美国的另一因果关系理论，源于著名案例"辛德尔诉阿伯特实验室"。此理论的主要思想是，在环境污染者和健康损害者均为多人的情况下，由于时间间隔太久而无法证明具体的污染行为与具体个人健康损害结果之间的因果关系，将环境污染者和健康损害者各作为一个整体，如果从科学常识出发，环境污染者的污染行为与受害者的健康损害结果之间必然存在着一定的因果关系，就可以判定每个受害者与每个环境污染者的污染行为之间存在着因果关系。

优点：由于环境污染危及许多地区、涉及众多居民，在无法确定具体环境污染者的情况下，只要符合科学常识，不必对全体人员逐一判定因果关系，只需对部分人进行判定，即可推论群体因果关系存在，降低了因果关系判定的难度。而经典的科赫法则则要求被怀疑的因素应该在每一个个体上都能发现。

缺点：由于环境污染造成的健康损害具有长期性、复杂性、潜伏性、非特异性等特点，加之科学知识的局限性和时间的间隔，能否根据科学常识判定因果关系的存在仍是个问题。

（3）德国

间接反证因果关系理论来源于德国民事证据法，最早为日本新潟水俣病判定所采用。该理论主要思想是，当环境污染引起多数居民健康损害时，由于涉及高度的自然科学知识，因此只需依据以下 3 项中的前 2 项事实证明因果关系的科学关联，则可判定因果关系的存在：环境污染物与健康损害本身的性质及特点；污染物质损害健康的途径；企业或工厂通过某项装置排放了污染物。

优点：因果关系证明相对简单，只需对因果关系链中的部分事实进行判定，则可以推定其他事实存在。

缺点：由于自然科学知识的局限，或者其他因素的影响，因果关系的关联还未得到明确充分的解释时，就难以从一项事实推定其他事实的存在。如果就此否定环境污染和健康损害的因果关系，就相当于让健康损害者承担自然科学知识落后这个不利的条件造成的后果。

国外环境污染致健康损害因果关系理论的突破推动了因果关系理论的发展，维护了受害人的合法权益，为环境污染的防治和保持健康做出了一定的贡献。事实证明：健康损害发生的原因大多具有复杂性和较强的技术性，单一理论无力应对纷繁复杂的健康损害，需要结合实际、权衡利弊，在各种理论的变迁中探索因果关系理论的多元良性互动，在立法与实践中加以灵活运用。由于环境污染造成健康损害的成因、表现、范围多样化，因此以上理论在普遍适用性方面仍然存在着争议。

2.1.2　国内主要因果关系理论

在 20 世纪四五十年代，我国主要借鉴苏联的必然因果关系说，认为"一个现象（原因）在某条件下，必然导致特定后果的发生"，强调了原因和结果间的必然性联系。只有环境污染与健康损害后果间存在内在的、必然的、本质的联系，因果关系才成立，否则视为偶然联系，可否认因果关系存在。该学说要求从 3 个方面判定因果关系：分清原因和前提条件；区分主要和次要因素；区分直接和间接原因。通过多年的司法实践，国内学者认为必然因果关系说将哲学因果关系和法律因果关系混为一谈，实用性受到质疑。

鉴于环境污染致健康损害的复杂性和特殊性，其因果关系判定工作困难重重，学者看法不一，还没有形成一个统一的规范体系，目前大多数是借鉴国外的相关理论，如无因果关系责任理论、盖然性说、流行病学因果关系理论等，虽说因果关系判定原则的引用有助于我国环境污染损害诉讼因果关系判定进一步发展，但是不管在理论上或立法上，我国对因果关系的判定存在着诸多问题，如将举证责任倒置等同于因果关系判定，概念混淆，缺乏一套完整的判定程序以及相关法律的规定等。

2.2　环境污染健康损害因果关系的特征

环境污染与健康损害之间的因果关系影响因素较多，存在许多非特异性和不确定性，其特点主要为：

（1）因子指向性

因子指向（Agent-Oriented），又称因子提示，通常是指已经明确或查知的环境因子，而健康效应在研究之前多是未知的，需要查证，即因果关系具有明确的"由因及果"的方向性。区别于传统流行病学中因果关系由果及因式的"疾病指向"（Disease-Oriented，又称效应提示）的特点。

（2）因子多样性

一种健康效应或健康损害可能由数个不同因子引起。环境污染因素的形式多样，给健康损害的因果关系判定带来许多困难。绝大部分健康损害后果的发生，是由环境主要污染物和环境条件共同完成的，即先有环境污染排放过程，然后产生了污染物作用过程。

（3）复杂性

环境污染导致的健康损害大多数是由复合污染（Combined Pollution，又称混合污染）引起的，而非传统的单一污染物。所谓复合污染，即两种或两种以上不同性质的污染物在同一环境中共存且多数发生联合作用所形成的环境污染现象。因此，因果关系也存在复杂性。

（4）非特异性与隐匿性

大多数情况下，环境污染具有非特异性、长期性、低浓度的特点，因此，环境污染与健康损害之间的因果关系表现比较隐匿，也不具特异性，这给因果关系的评价带来许多困难。

（5）混杂因素

混杂因素较多的环境污染致健康损害的过程中普遍存在环境因子与其他因素的相互作用和不确定性，影响因素较多。因此在进行因果关系判定时，注意排除混杂因素的影响。

2.3 环境污染健康损害因果关系链

因果关系链（Chain of Causation），是指由多个环节按照时间顺序串联起来的，从最初原因发展至最终结果的一条长链，链中的每个环节称为节点，节点彼此间相互联系且遵循严格的由前至后的顺序。它是一种由因到果的单向链接。

环境污染健康损害因果关系链包括 5 个节点，如图 2-1。

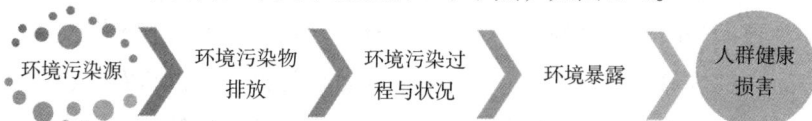

环境污染源 ➤ 环境污染物排放 ➤ 环境污染过程与状况 ➤ 环境暴露 ➤ 人群健康损害

图 2-1 环境污染健康损害因果关系链

该因果关系链的具体解释如下：

①环境污染源，是指造成环境污染的污染物发生源，通常为向环境排放有害物质和对环境产生影响的场所、设备和装置。

②环境污染物排放，是指进入环境后使环境的正常组成和性质发生直接或间接有害于人类变化的物质排放，主要为人类生产和生活排放的污染物。

③环境污染过程与状况，是指污染物从环境污染源排放出来后所经历的过程，包括污染物的迁移、转化、累积和扩散等，在这个污染过程中，也可能产生新的污染。

④环境暴露，是指污染物污染扩散至人群的生活环境区域内，经空气、土壤、水和食物等环境介质作用于人群，对人群产生一定的影响。

⑤人群健康损害，是指在污染物的类型、毒性、浓度与暴露时间等的基础上，人群健康受到相应的损害。

一般情况下，要求环境污染健康损害因果关系判定严格遵循图 2-1 所示的因果关系链，通过调查确认各节点事实，证实各节点间单向链接成立，即可判定环境污染行为与健康损害之间存在因果关系。以上这一因果关系链适用于各类环境污染健康损害因果关系的评价，是一个基本的评价通则，可以视具体情况而选用。

因果关系链用简洁的概念关系图示来表达环境污染与健康损害之间的关系，它可以提供因果关系的思维框架，涉及因果关系评价的各方面和因果关系的路径分析（如通径分析，Path Analysis）。因此，它在环境病因学研究中具有重要的作用。

上述内容是围绕确定性或事实性因果关系而展开阐述的。但实际上，在环境流行病学研究中，还有一些因果关系并不是完全按照确定性的方式表现出来，而是以一种非确定性的或类似回归模型的方式表现出来。

相较于确定性病因而言，非确定性病因（Non-Deterministic Cause）是指环境因素（暴露）除了可以被看作是完全的病因外，也可以体现为在多大程度上被看作是近似的病因。这类问题多见于环境因子与健康效应有直接的相关关系，但不等同于因果关系的情况，常见于环境污染导致的人群慢性疾病。

例如，研究显示环境中内分泌干扰物（如洗涤剂、有机磷农药、杀虫剂、除草剂等）的污染与人群生殖障碍、发育异常及某些癌症等慢性疾病的发生率之间存在明显的相关关系。但是，二者之间的关系不能简单地认为是因果关系。内分泌干扰物干扰机体的内分泌功能、免疫抑制作用以及提高生物体的敏感性，在较低的暴露水平就能影响心脏、肺脏、肝脏、肾脏、性腺等器官。通过此种机制解释，内分泌干扰物影响了人群慢性病的发病率是完全可能的。该影响的实质是，内分泌干扰物（乃至其他因素）促使慢性病在"固有发病率"的基础上增加了一部分发病率，所增加的这一部分发病率称为超额发病率（Excess Rate），即在能够确定某种疾病固有发病率的情况下，某种（些）环境因素促使疾病被观察到的发病率在固有发病率的基础上增加的部分发病率。所以，在被观察到的慢性病的发病率中，至少有部分归因于环境内分泌干扰物的影响。

而超额发病率产生的原因正是这种（些）环境因素的作用。因此，在这个意义上，该种（些）环境因素在疾病被观察到的发病率形成中占有"部分"病因的地位，这种（些）环境因素就成为非确定性病因。

而关键的问题在于明确超额发病率和非确定性病因的占比。即需要确定所涉及的某种（些）环境暴露对于健康损害的分担率（Contribution Rate），以减少非确定性的干扰。这一点对于判定环境污染致人群健康损害时所做的调查研究的结论和因果关系意义重大。

2.4　因果关系认定的一般原则和条件

造成人群健康损害的原因是多方面的，有环境的因素、机体本身的因素，还有社会心理等方面的因素，同时场地土壤生态环境污染对机体的损害也是一个十分复杂的过程，因此，在判断环境污染是否引起人群健康损害时，不仅要考虑污染物的证据、人群健康损害的证据和相关的毒理学证据，还必须排除混杂因素的影响，区分非环境因素导致的健康损害，评价非环境因素在健康损害中的作用大小。因此，在进行因果关系认定时应该遵循以下基本原则和条件：

（1）具有明确的污染物证据

①污染源调查中有明确的污染物排放到环境介质中，并且污染物的浓度超出国家相关标准和规定。

②污染源周围与人群接触的环境介质中可以检测到污染源排放的同种污染物，且污染物的浓度高出国家相关标准。

③该污染物的污染在既往监测中并不存在。

（2）具有明确的人群健康损害证据

①污染区暴露人群体内能够检测到污染源排放的明确污染物的生物标志物；而在非污染区人群体内无此种污染物的负荷或仅有环境本底值暴露，污染区人群的体内污染物负荷明显高于非污染区人群的体内污染物负荷。

②污染区暴露人群中出现了与污染物有关的特异性健康损害效应，非污染区人群无此种效应；或者污染区暴露人群出现了非污染区人群没有的严重的非特异性健康损害。

（3）具有明确的毒理学证据

①具有明确的毒理学证据或医学证据证明污染物能够导致人群的此种特异性健康损害或者严重的非特异性健康损害。

②与污染区人群具有同样暴露途径的动物中也出现了与人群健康损害相类似的反应（此条原则仅作为参考）。

2.5 因果关系评价的作用与意义

近年来，随着环境污染的加剧和公民环境意识、法律意识、维权意识的普遍增强，我国每年由环境污染引发的环境污染纠纷有数十万起，其中涉及不同程度的人群健康损害。某些地区环境污染所导致的健康损害，甚至公害病，已经严重影响到了当地的社会稳定和经济发展。在环境污染事件不断频繁发生的背景下，因果关系的评价成为认定环境污染造成健康损害的关键环节。

然而，国内外目前对于环境污染和健康损害的研究，大多数局限于环境污染对人群健康的危险性评价。这种危险性评价侧重于宏观性评价，涉及的个案往往缺乏完整的证据链，尚不能对因果关系进行全面、科学、公正的认定，其结果多半是"可能性"或者"存在一定的影响"等比较模糊的结论。同时也没有充分考虑排除非环境因素的影响，即人群自身因素在损害中的作用。

解决环境污染损害纠纷的关键是证明健康损害是由环境污染引起的，即证明暴露于环境污染因素和健康损害之间的因果关系，这可以为环境污染损害纠纷的司法诉讼提供科学、充分的评价依据。因此，适时地开展环境污染和健康损害因果关系鉴定及证据链评估工作，已成为解决这类纠纷、维护社会和谐与稳定的迫切需要。

3 场地环境和健康损害因果关系的评价内容

3.1 工作方案的制订

通过资料收集、现场踏勘、人员访谈等方式,掌握环境污染和生态行为破坏以及场地土壤生态环境损害、人体健康损害的基本情况和主要特征,确定场地土壤生态环境和人体健康遭受损害的范围和程度,筛选特征污染物和可能的敏感受体,如地下水体和儿童、成人等,编制鉴定评估工作方案。

3.1.1 资料收集

调查人员应根据场地环境具体情况以及人体健康损害评估要求,收集相关信息,信息条目见表3-1。

表3-1 场地环境和人体健康损害鉴定评估资料清单(样表)

类别	名称	搜集时间	资料来源	数量	格式						编号
					报告	图件	照片	调查表	论文	其他	
背景信息	评估区域行政区划图	××年××月××日	政府办公室	1	√						201508-TJG-01-001
	评估区域水系图	××年××月××日		1		√					
	评估区域土地利用总体规划	××年××月××日		1	√						
	评估区域主要厂矿情况										
	评估区域卫星、航拍影像										
	评估区域历史监测数据										
	评估区域水文地质调查专项报告										
	评估区域人口信息										

（续表）

类别	名称	搜集时间	资料来源	数量	格式						编号
					报告	图件	照片	调查表	论文	其他	
背景信息	评估区域生物多样性信息										
	敏感点信息										
	……										
	……										
	……										
基线信息	区域基线值相关专项调查										
	区域基线学术研究										
	区域生物多样性调查报告										
	污染物的环境标准										
	污染物的环境基线										
	类似区域基线调查报告										
	……										
污染物信息	污染源照片										
	污染排放记录										
	污染源经纬度坐标										
	污染源周边实地照片										
	污染排放口监测报告										
	现场采样记录表										
	……										
	……										
场地环境损害信息	污染现场照片										
	污染现场视频										
	应急处置情况报告										
	评估区域历史污染或生态破坏信息										
	生物现状调查表										
	生态系统服务调查表										
	……										

（续表）

类别	名称	搜集时间	资料来源	数量	格式						编号
					报告	图件	照片	调查表	论文	其他	
人体健康损害信息	居民生活卫生条件和外界环境影响调查表										
	环境健康和人员信息登记表										
	生物现状调查表										
	……										
污染清理情况信息	污染清理处置报告										
	污染清理现场照片										
	污染转运单据										
	药剂购买单据										
	清理后的单据										
	……										
	……										
	……										

（1）背景信息收集

重要场地特征：

①气象状况：收集主导风向、风速、气压、气温、降水量、日照时间、相对湿度、温度的垂直梯度和逆温层底部高度等资料。

②水文资料：收集该地区河流、水系、地表和地下水源特征及利用情况等资料。

③地理状况：调查该地区地形、地势、周围山脉、水体、植被的分布等自然环境状况资料。

④地质状况：收集土壤类型、质地、pH 值、土壤肥力等资料。

⑤社会状况：调查该地区人口资料、生产方式、居民生活条件、民族信仰、风俗习惯、聚集状况、饮食习惯等资料。

（2）其他信息收集

主要包括：

①损害来源相关信息：污染来源、生产历史、生产工艺和污染物产生环节、位置，污染物排放、堆放、填埋和处置区域，历史污染事故及其处理情况；对于突发环境事件，应查明事件发生的时间、地点，可能产生的污染物的类型和性质、排放量（体积、质量），污染物浓度等资料和情况；对于生态破坏事件，了解事件性质、破坏方式、发生时间、地点等基本情况。

②损害过程相关信息：污染物排放方式、排放时间、排放频率、排放去向、特征污染物类别、浓度，可能产生的二次污染物类别、浓度等资料和情况；受破坏林地、耕地、草地、湿地等生态系统的自然状态，以及动植物受损的时间、方式和过程等信息。

③前期处理处置相关信息：污染物清理、防止污染扩散等控制措施或生态恢复措施实施的相关资料和情况，包括实施过程、实施效果、实施费用等相关信息。

④历史和现状监测相关信息：监测工作开展情况及监测数据，包括土壤和地下水环境质量监测数据，指示性生物物种数量、密度、丰度、结构，群落组成、结构等调查数据。

⑤收集人群健康状况的基线资料：包括常见病的发病率、死亡率、肿瘤发生率、新生儿出生缺陷发生率、人口统计学等指标。

3.1.2 现场踏勘

根据场地环境具体情况，开展现场踏勘，进而描述场地上或附近的人群特征。现场踏勘项目参见表 3-2~ 表 3-7。

表 3-2　现场踏勘表

踏勘对象：□环境污染（□污染源　□周边生态系统　□敏感点） 　　　　　□生态破坏（□植物　　□动物　　　　□生态系统）				
环境污染	污染介质：□大气 □地表水 □沉积物 □土壤 □地下水			污染现状描绘草图
	污染物名称	排放总量	排放浓度	
	检测方式	地点	时间	
	污染原因			
	污染路径			
	污染描述			
生态破坏	植物调查：□鸟类 □兽类 □水生维管植物 □藻类 □大型真菌 □土壤微生物 　　　　　□其他（　　　　　　　　　）			
	生态系统调查：□自然生态系统 □人工生态系统			

（续表）

生态破坏	破坏描述：							
污染清理等措施	措施对象		时间		地点		委托单位	
	方式		数量		费用		实施单位	
	监测对象		浓度		监测方式		二次污染	
	污染清理、替代水源、人员转移等措施的描述：							
周边区域								
损害情况								
踏勘材料信息汇总	踏勘记录文件：□照片　　　　□录像　　　　□记录表 □其他（　　　　　　　）							
	照片			记录内容				
	录像			记录内容				
	踏勘表			记录内容				
	其他			记录内容				
	踏勘监测		□现场速测		□实验室检侧			
	速测对象			点位数量		样品数量		
	实验室检测对象			点位数量		样品数量		
下一步调查建议								

注：1. 周边区域栏内容根据调查点及附近地质、水文、土壤、生物、敏感环境等，特别是与污染迹象有关的特征填写。
　　2. 损害情况栏内容对环境污染与生态环境破坏的类型、范围和程度等情况进行描述。
　　3. 在下一步调查建议栏中填写下一步调查的重点、内容、拟采用的调查方法等内容。

表 3-3　现场采样记录表（大气）

气象信息	气温（℃）		气压（kPa）		风向		风速（m/s）		相对湿度（%）	
样品编号	采样方法	采样时间		采样位置		采样高度（m）	累计时间（min）	采样流量（L/min）	采样体积（L）	吸收液体体积（L）	备注
		开始	结束	经度	纬度						

表 3-4　现场采样记录表（地表水）

样品编号	采样时间	断面名称	采样位置			流速（m/s）	流量（m³/s）	现场测定记录								采样位置描述	备注
			经度	纬度	深度（m）			水温（℃）	pH值	溶解氧（mg/L）	电导率（μS/cm）	感官指标描述					
												色度	浑浊度	嗅和味	肉眼可见物		

注：采样位置描述指采样点在采样断面的具体位置，如断面中央、岸边等情况。

表 3-5　现场采样记录表（沉积物）

样品编号	采样时间	断面名称	采样位置			现场记录			备注
			经度	纬度	深度（m）	颜色	嗅	感官指标描述	

表 3-6　现场采样记录表（土壤）

点位编号	样品编号	采样时间	地面高程/m	采样位置			样品特征				快速检测结果	备注
				经度	纬度	深度（m）	颜色	质地	湿度	其他感官指标描述		

表 3-7　现场采样记录表（地下水）

监测井编号	采样时间	采样位置			水位（m）	现场测定记录								备注
		经度	纬度	深度（m）		水温（℃）	酸碱度pH值	溶解氧（mg/L）	电导率（μS/cm）	感官指标描述				
										色度	浑浊度	嗅和味	肉眼可见物	

（1）土地利用类别

主要包括：

①住宅区。

②商业 / 工业区。

③娱乐区。

（2）确定现场和周围区域的当前土地用途

主要来源包括：

①分区图。

②地方分区或其他与土地使用者相关的法律法规。

③人口普查局的数据。

④地形、土地使用、住房或其他地图。

⑤航空照片。

（3）现场踏勘内容

现场踏勘的内容包括污染源、污染物的迁移途径、受损环境情况、区域状况以及区域生物情况等。

3.1.3　人员访谈

调查人员可采取面谈、电话交流、电子或者书面调查表等方式，对现状或历史的知情人，包括当地政府官员、环境保护行政主管部门的人员、相关领域专家、企业或者场地所有者、熟悉现场的第三方、实际或潜在受害人员进行访谈，补充相关信息，考证已有资料。

3.1.4　查阅文献

通过查阅大量相关文献资料，综合收集的分析资料和现场踏勘情况，制订工作方案。

3.2　损害调查确认

3.2.1　地质和水文地质调查

地质和水文地质调查的目的在于了解评估区域土壤性质，地层岩性分布，构造发育，地下水类型，含水层分布，地下水补、径、排条件等情况，获取地质信息及关键水文地质参数，判断污染物在土壤和含水层中的迁移扩散条件，为土壤和地下水污染状况调查奠定基础，并为土壤和地下水环境及其生态服务功能受损情况的量化和因果关系判定提供依据。具体调查方法参照 GB/T 39792.1。

3.2.2　土壤和地下水环境质量现状调查

（1）特征指标识别和选取

对于污染源明确的情况，优先采集能够代表污染源特征的样品，通过分析检测，根据污染源中检出的污染物确定特征污染物；也可通过现场踏勘、资料收集和人员访谈，根据污染源的生产工艺、行业特征、评估区域环境条件、污染物性质和转化规律等，综合分析、识别并选取特征污染物。对于污染源不明的情况，通过采集可能受损的土壤和地下水样品，进行污染物的定性和定量分析，筛选特征污染物。从检出的污染物中筛选特征污染物应结合评估区域特征，优先选择我国相关环境质量标准中的物质。对于检测到的环境质量相关标准中没有的物质，应通过查询国外相关标准、研究成果，必要时结合相关实验测试，评估其危害，确定其是否可以作为特征污染物。具体特征指标识别与选取参照 GB/T 39792.1 的相关规定。

（2）点位和深度布设

点位和深度布设参照 HJ 25.1、HJ 25.5、《地下水环境状况调查评价工作指南》的相关规定。

（3）样品采集、保存和流转

土壤钻探和土壤样品采集、保存参照 HJ 25.2。土壤样品的流转参照 HJ/T 166。涉及挥发性有机污染物时，应参照 HJ 1019 的相关规定。地下水监测井建设、成井洗井、采样前洗井等过程参照 HJ 25.2，样品保存参照 HJ 493，样品采集和流转参照 HJ/T 164。

（4）样品检测

土壤样品分析检测方法选择参照 GB 36600。涉及农用地时，参照 GB 15618。地下水分析检测方法选择参照 GB/T 14848。当评估区域土壤或地下水呈现出明显的颜色或气味异常，可对颜色或气味异常的样品进行生物毒性测试，方法选择参照 GB/T 39791.2 中生物调查相关技术导则和规范。

（5）质量保证与质量控制

土壤样品采集、保存、流转过程质量控制参照 HJ 25.2；地下水样品采集、保存、流转过程质量控制参照 HJ 25.2 和 HJ/T 164。土壤样品检测过程质量控制参照 HJ 25.2；地下水样品检测过程质量控制参照 HJ/T 164。特征指标涉及挥发性有机物时，质量保证与质量控制还应遵循 HJ 1019 的相关规定。

3.2.3 土壤和地下水生态服务功能调查

通过查找土地利用类型图、国土规划图、高分辨率卫星遥感影像资料等方式获取土地使用历史、当前土地利用状况、未来土地利用规划等信息，确定土壤损害发生前、损害期间、恢复期间评估区域的土地利用类型，如耕地、园地、林地、草地、商服用地、住宅用地、工矿仓储用地、特殊用地（如旅游景点、自然保护区）等类型；获取评估区域水资源使用历史、现状和规划信息，查明地下水损害发生前、损害期间、恢复期间评估区域地下水的主要生态服务功能类型，如生活饮用水、农业灌溉用水、工业生产用水、居民生活用水、生态用水等供水服务或景观用水等文化服务，并查明或计算开采量、用水量、水资源价值等信息。参考表 3-8，具体调查方法应遵循 GB/T 39792.1 的相关规定。在上述资料和描述性研究的结果上发展并总结人群暴露途径、潜在暴露人群资料等信息。

表 3-8　生态系统服务调查表

生态系统类型	□自然生态系统	□森林　　□草原　　□湿地 □荒漠　　□海洋		
	□人工生态系统	□城市绿地　□人工湿地　□农田 □其他，具体说明		
调查内容	破坏前	破坏后		备注
面积（m²）				
生物量（kg/m³）				

注：备注对该类生态系统的描述，包括对被评估的生态系统的多样性的描述和受损程度的描述。

（1）人类暴露途径的识别

主要包括：

①识别来源和接收媒介。

②评估释放介质中的归宿和传输。

③确定暴露点和暴露途径。

④将有关污染源，释放、归宿和传输，暴露点和暴露路径的信息整合到暴露途径中。

⑤总结所有完整暴露途径的信息。

（2）潜在暴露人群资料的收集

根据与场地相关的位置、活动模式和敏感群的存在，描述场地上或附近的人群特征，确定当前人群相对于现场的位置，进而确定潜在暴露人群与现场的距离和方向，以及确定离现场最近或实际生活的人群。收集潜在暴露人群健康损害的程度、范围、性质等资料。调查人员可采取面谈、电话交流、电子或书面调查表等方式，对现场状况或历史的知情人进行调查。调查人员应填写人员访谈记录表，详见表3-9。

表3-9　人员访谈记录表

受访人数		访谈地点		
访谈对象：	□行政人员　□领域专家　□现场所有者　□企业人员 □第三方　□受害者　□其他知情人（　　　　　）			
访谈方式：	□面谈　　□电话　　□电子调查表　　□书面调查表　　□其他（　　　　）			
访谈内容	（1）建厂前土地利用情况和历史沿革情况			
	（2）原有企业工艺简介及变化情况			
	（3）是否有发生污染事故			
	（4）原、辅材料，有毒有害危险化学品，危险废物运输、储存、装卸情况			
	（5）原、辅材料，有毒有害危险化学品，危险废物堆放仓库的防风、防雨、防渗情况			

（续表）

访谈内容	（6）地下储罐、储槽和管线情况		
	（7）原有企业变压器的使用和位置等情况		
	（8）有无放射源		
	（9）原有企业污染处理设施及升级改造情况和污染排放情况		
	（10）其他内容		
受访人员签字	姓名	单位	签字

注：访谈内容一般为环境污染生态破坏过程、影响区域历史现状情况、事件处置过程、已采用的污染清理等措施的实施效果等情况。

3.2.4 环境本底与人群健康基线水平调查

基线水平是指在环境污染或生态破坏行为未发生时，评估区域内人体健康和生态环境及其生态系统服务的状态。

首先，收集污染区或对照区的土壤、水、大气、食物等环境介质中化学物质的本底值，包括物理性和化学性等指标；其次，收集人群健康状况的基线资料，包括常见病的发病率、死亡率、肿瘤发生率、新生儿出生缺陷发生率、人口统计学等指标。具体的确认方式需结合特定区域自然环境的历史数据和周边一定范围内辅助参考区域的环境数据，按照特定的数据计算方式进行确认。具体调查方法应遵循 GB/T 39791.1、GB/T 39792.1 的相关规定。

3.2.5 损害确定

（1）生态环境损害确定

当事件导致以下一种或几种后果时，可以确认造成了土壤和地下水环境或生态服务功能损害：

①调查点位土壤和地下水中特征污染物的浓度超过基线水平。

②评估区域土壤和地下水呈现明显颜色或气味异常，经实验或测试表明对土壤无脊椎动物或植物产生毒性。

③因土壤和地下水污染造成评估区域生物死亡、疾病、行为异常、肿瘤、遗传突变、生理功能失常、畸形等。

④评估区域指示性生物种群特征（密度、性别比例、年龄组成等）、群落特征（如多度、密度、盖度、丰度等）或生态系统特征（如生物多样性）发生不利改变，指示性指标超过基线水平。

⑤土壤和地下水的其他性质发生改变，导致土壤和地下水不再具备基线状态下的生态服务功能，如土壤的农产品生产功能、地下水的饮用功能等。

⑥造成土壤和地下水损害的其他情形。

调查人员应填写生物现状调查表（表 3-10~ 表 3-12）。

表 3-10　生物现状调查表（植物）

调查对象	群落名称	优势种 / 旗舰种 / 建群种	面积（m²）	密度	生物量	保护物种和保护级别	受损程度
陆生维管植物							
水生维管植物							

注：1. 保护物种和保护级别：如果该群落植物物种构成中没有保护物种，则填写"无"；如果有保护物种，则列出其名称和保护级别。保护级别：中国生物多样性红色目录、国家一级保护植物、国家二级保护植物、省级保护植物、IUCN 濒危物种红色名录、CITES 濒危野生动植物种国际贸易公约；可以简写为中国红色名录、国家Ⅰ级、国家Ⅱ级、省级、IUCN、CITES。

2. 受损程度：可以定性描述，例如面积增加或者减少、密度增加或减少、生物量增加或减少；也可以定量描述，例如面积减少 30%、密度减少 20%、生物量减少 60%。

3. 生物量：不同植物类型采用不同的生物量计量单位，例如高等维管束植物的生物量的剂量单位为 kg/m²。

表 3-11　生物现状调查表（动物）

调查对象		种群名称	种群密度	性别年龄构成	出生率	死亡率	繁殖率	生境描述	保护级别	受损程度
陆生	鸟类									
	哺乳类									
	两栖爬行类									

（续表）

调查对象		种群名称	种群密度	性别年龄构成	出生率	死亡率	繁殖率	生境描述	保护级别	受损程度
陆生	昆虫									
水生	鱼类									
	底栖动物									
	浮游动物									

注：1. 生境描述：针叶林、阔叶林、混生林、开阔地、草原、裸露地等信息。
2. 保护级别：中国生物多样性红色名录、国家一级保护动物、国家二级保护动物、省级保护动物、ICUN 濒危物种红色名录、CITES 濒危野生动植物种国际贸易公约；可以简写为中国红色名录、国家 I 级、国家 II 级、省级、IUCN、CITES。
3. 受损程度：可以用来描述受损程度的定性描述有种群密度降低或增加、年龄构成或性别比例失调、栖息地面积减少或增加、出生率降低或升高、死亡率降低或升高、繁殖率降低或升高等信息；如果有数据，建议采用定量的描述，如种群密度减低 30%、栖息地面积减少 20%、死亡率增加 60% 等信息。

表 3-12　生物现状调查表（暴露人群）

异常指标			相应的环境危害因素		异常指标与环境危害因素有关		环境危害因素对暴露人群健康的影响程度
名称	例数	百分比	名称	强度或浓度	例数	百分比	

注：1. 疑似环境危害因素致暴露人群的临床复查和疾病诊断结果，列出历年某病患病率。
2. 图表法：描绘接触环境危害因素与各种相关异常指标的散点图，加以分析。
3. 采用回归与相关的统计分析方法分析环境危害因素中接触浓度或强度的动态变化与异常指标（发生率和异常指标）变量间的关系，分析相关系数。

（2）人体健康损害确定

对于环境污染所致的人体的急性危害、慢性危害及致癌、致畸、致突变的远期危害，应优先使用流行病学因果关系判定方法进行损害确认，应填写居民生活卫生条件和外界环境影响调查表、人员信息登记表、生态环境和人体健康损害调查信息汇总表（表 3-10~ 表 3-15）。环境污染所致的健康损害的不同类型的判定方法如下：

①环境污染事故和健康损害判定：因突发性环境污染事故或单一污染因素引起的急性中毒，其因果关系证明相对简单。检测污染物的浓度、排放强度、

人体内的污染物负荷及健康损害指标，即可直接判定。

②长期低浓度慢性中毒健康损害判定：采用流行病学方法进行调查研究，内容包括环境污染状况调查、人群污染物负荷调查、人群健康损害调查（包括靶器官损害），然后进行环境污染与健康损害因果关系的研究判定。

③个体健康损害判定：个体之间由于易感性不同对环境污染物的反应也不同。这导致了流行病学在判定个体损害时具有一定的局限性，可以从以下几个方面进行综合判断：第一，污染物的暴露证据（毒性、剂量、强度、时间、频率）；第二，人体的健康损害证据；第三，损害与污染物的毒性是否一致；第四，出现健康损害与污染物暴露的先后顺序是否具有暴露终止效应；第五，尽可能排除导致健康损害的其他原因。

④群体性健康损害判定：采用描述流行病学（如现况研究）和分析流行病学（如病例对照研究）方法予以认定。第一，群体长期居住在一起有共同的暴露史，各年龄人群均出现相似的健康损害；第二，与对照区相比，污染区人群有较高的特征污染物负荷水平和特征疾病发病水平；第三，污染区人群具有较明显的健康效应谱分布；第四，符合一般病因因果关系判断标准的多项要求；第五，排除混杂和其他致病因素的干扰。

表 3-13 居民生活卫生条件和外界环境影响调查表

被询问者	姓名		性别		年龄	
	职业		居住年限		地址	

污染物对居民的影响的反映	是否受污染物影响：□是 □否
	污染物的种类：□烟尘 □有害气体 □气体
	受影响最严重的＿＿＿＿季节，＿＿＿＿月份，＿＿＿＿时间
	受影响最轻的＿＿＿＿季节，＿＿＿＿月份，＿＿＿＿时间
	污染物是否影响开窗：□是 □否
	不同朝向的窗对受污染物影响有什么不同：
	是否可在住宅外乘凉：□是 □否
	是否可在住宅外晒衣：□是 □否
	是否可穿白色或浅色衣服：□是 □否
	是否室内难以保持清洁：□是 □否
	对金属制品和玻璃制品是否有腐蚀现象：□是 □否
	对周边绿化是否有影响：□是 □否
	饮用水是否受污染物影响：□是 □否
	饮用水是否出现以下感官性状指标：□色度 □浑浊度 □嗅和味 □肉眼可见物 □以上均无
	饮用水受污染的类型：□介水传染病 □化学性污染引起的中毒 □地表水源污染 □地下水源污染 □饮用水的管网污染
	污染物侵害的主观感觉：如灰尘迷眼、呼吸困难、不良气味、喷嚏、流泪、其他等
	调查者主观感觉：＿＿＿＿＿＿＿＿＿＿＿＿＿＿＿＿＿＿＿＿＿
	调查者在调查时所发现的情况：＿＿＿＿＿＿＿＿＿＿＿＿＿＿＿

其他	

表 3-14 人员信息登记表

姓名		性别		年龄（岁）	
出生日期		暴露时间（年）		电话号码	
身份证号		籍贯			
工作单位			职业		
家庭住址					

毒害种类和名称：

受检人签名：

年　　　月　　　日

（续表）

一、环境暴露史（由受检人填写）

起止日期	居住地	工作单位	职业	环境暴露因素	有何防护措施

二、既往病史

病　　名：　　　　　　　　　　　　　诊断日期：

诊断单位：　　　　　　　　　　　　　是否痊愈：

三、月经史

初潮：＿＿＿＿＿岁　　　　经期：（　　）天

　　　　　　　　　　　　　周期：（　　）天　　　　停经年龄：＿＿＿＿＿岁

四、生育史

现有子女：＿＿＿＿人，流产＿＿＿＿次，早产＿＿＿＿次，死产＿＿＿＿次，异常胎＿＿＿＿次

五、烟酒史

不吸烟□　　　偶吸烟□　　　经常吸烟□　　　（　　）包/天，共　　年

不饮酒□　　　偶饮酒□　　　经常饮酒□　　　（　　）mL/天，共　　年

（在适合你的项目□内划√）

六、其他

（续表）

七、症状

项目	有无	持续时间	项目	有无	持续时间
1. 头痛			36. 胸闷		
2. 头（晕）昏			37. 胸痛		
3. 眩晕			38. 咳嗽		
4. 失忆			39. 咳痰		
5. 嗜睡			40. 咯血		
6. 多梦			41. 哮喘		
7. 记忆力减退			42. 心悸		
8. 易激动			43. 心前区不适		
9. 疲乏无力			44. 食欲减退		
10. 低热			45. 消瘦		
11. 盗汗			46. 恶心		
12. 多汗			47. 呕吐		
13. 全身酸痛			48. 腹水		
14. 性欲减退			49. 腹痛		
15. 视力模糊			50. 肝区痛		
16. 视力下降			51. 腹泻		
17. 眼痛			52. 便秘		
18. 失眠			53. 尿频		
19. 流泪			54. 尿急		
20. 嗅觉减退			55. 尿血		
21. 鼻干			56. 皮下出血		
22. 鼻塞			57. 皮肤瘙痒		
23. 流鼻血			58. 皮疹		
24. 流涕			59. 浮肿		
25. 耳鸣			60. 脱发		
26. 耳聋			61. 关节痛		
27. 口渴			62. 四肢麻木		
28. 流涎			63. 动作不灵活		
29. 牙痛			64. 月经异常		
30. 牙齿松动			65. 流产		
31. 刷牙出血			66. 早产		
32. 口腔异味			67. 死产		
33. 口腔溃疡			68. 异常胎		
34. 咽痛					
35. 气短					

医生签名：　　　　　年　　月　　日

说明：1. 有上述症状用"＋"表示，无上述症状用"－"表示。

　　　2. 持续时间用年或月表述。

（续表）

八、体征

项目			检查结果	检查医师（签字）	备注
一般情况	一般状况				
	脉率				
	血压				
五官	视力	裸视			
		矫正			
	晶体				
	眼底				
	外耳				
	听力	左			
		右			
	鼻				
	口腔				
	咽喉				
内科	心脏				
	肺				
	肝				
	脾				
外科	甲状腺				
	浅表淋巴结				
	皮肤黏膜				
神经系统	皮肤划痕症				
	腱反射				
	跟腱反射				
	肌力				
	肌张力				
	共济运动				
	感觉异常				
	三颤				
	病理反射				
其他					

（续表）

九、实验室检查及其他检查

项目		检查结果	检查医师（签字）	备注
血	白细胞 $\times 10^9$/L			
	红细胞 $\times 10^{12}$/L			
	血小板 $\times 10^9$/L			
	血红蛋白（g/L）			
	中性粒细胞（%）			
	淋巴细胞（%）			
	单核细胞（%）			
	血：铅/锌卟啉原			
	全血：胆碱酯酶			
尿	白蛋白			
	红细胞			
	白细胞			
	管型			
	尿：铅汞砷镉氟锰			
	尿：δ氨基乙酰丙酸			
肝功能	SGPT			
	HBsAg			
肺功能	FVC（%）			
	FEV1			
	FEV1/FVC（%）			
心电图	……			
	……			
B超	肝			
	胆			
	脾			
胸部X线	……			
	……			
	……			
其他				

（续表）

十、化验单结果及医师评语

化验单及其他检查报告粘贴处：

体检结论：

主检医师签字：　　　　　　终检专家签字：

年　月　日　　　　年　月　日

表 3-15　生态环境和人体健康损害调查信息汇总表

<table>
<tr><td rowspan="5">评估区域
空间范围</td><td colspan="3" align="center">省　　　市　　　县（区）</td></tr>
<tr><td colspan="3">评估区域描述：</td></tr>
<tr><td rowspan="3">坐标范围</td><td>经度：　　　　至</td></tr>
<tr><td>纬度：　　　　至</td></tr>
<tr><td>高程：</td></tr>
<tr><td rowspan="4">时间范围</td><td colspan="2">污染或生态破坏（发现）时间</td><td></td></tr>
<tr><td colspan="2">污染或生态破坏结束时间</td><td>□仍未结束
□已经结束，结束时间：</td></tr>
<tr><td colspan="2">污染清理的启动时间</td><td></td></tr>
<tr><td colspan="2">污染清理的终止时间</td><td></td></tr>
<tr><td>损害发生原因</td><td colspan="3">□安全生产　　□交通事故　　□非法倾倒　　□违规排放　　□生态破坏
（可多选）
□其他，具体说明：</td></tr>
<tr><td rowspan="14">污染源
信息</td><td rowspan="7">污染
源1</td><td rowspan="2">位置</td><td colspan="2">省　　　市　　　县（区）</td></tr>
<tr><td colspan="2">坐标　经度：　　纬度：　　高程：</td></tr>
<tr><td>责任主体</td><td colspan="2">□无　　□有，名称：</td></tr>
<tr><td colspan="3" align="center">描述</td></tr>
<tr><td rowspan="3">主要污染物</td><td>1.</td><td>数量</td></tr>
<tr><td>2.</td><td>数量</td></tr>
<tr><td>3.</td><td>数量</td></tr>
<tr><td rowspan="7">污染
源2</td><td rowspan="2">位置</td><td colspan="2">省　　　市　　　县（区）</td></tr>
<tr><td colspan="2">坐标　经度：　　　　　纬度：</td></tr>
<tr><td>责任主体</td><td colspan="2">□无　　□有，名称：</td></tr>
<tr><td colspan="3" align="center">描述</td></tr>
<tr><td rowspan="3">主要污染物</td><td>1.</td><td>数量</td></tr>
<tr><td>2.</td><td>数量</td></tr>
<tr><td>3.</td><td>数量</td></tr>
</table>

		基线信息描述		
基线信息	损害来源相关信息			
	损害过程相关信息			
	前期处理处置相关信息			
	历史和现状监测相关信息			
	人群健康状况			
受影响人群	人群分类	□儿童及青少年（18 岁以下）　□老年人　□孕妇 □慢性病人群 □伤残人群　□职业人群　□其他人群		
损害情况	损害类型	□大气　□地表水　□沉积物　□土壤　□地下水 □水生生物　□陆生生物　□暴露人群　□其他，具体说明：		
	损害描述	传染性疾病：□食源传染性疾病　□水源传染性疾病 　　　　　　□虫媒传染病　□地方性疾病		
		非传染性疾病：□消化系统　□呼吸系统　□神经系统　□泌尿生殖系统　□心血管系统		
		是否有致癌作用：□是　　　　□无		
		是否致出生缺陷：□是　　　　□无		
污染清理情况	委托单位			
	实施单位			
	主要措施	□监测　□污染清理　□其他，具体说明：		
	过程描述			
	污染清理费用（元）	设备和场地购置费		费用描述：
		设备和场地租赁费		
		药剂采购费		
		耗材采购费		
		燃料使用费		
		安全防护费		

（续表）

污染清理情况	污染清理费用（元）	工程委托费		费用描述：
		人员费用		
		监测费用		
		其他费用		
调查工作主要情况	资料收集	数量	编号范围	
		主要缺失资料		
	现场勘探	次数	踏勘表编号范围	
		快速检测样品量	实验室检测样品量	
	人员访谈	人次	访谈表编号范围	
	环境监测	环境监测情况描述：		
		监测点位数量	实验室样品监测数量	
	调查数据质量情况	质量情况描述：		
补充调查建议	是否需要补充调查	□是　　　□否		
	补充调查内容建议	□基线水平　□环境质量情况　□生物状况　□生态系统服务情况　□居民调查　□生态环境　恢复方案（□污染清理方案）　□生态环境恢复费用（□污染清理费用）□其他，具体说明：		
	补充调查方法建议	□资料收集　□问卷调查　□现场勘探　□监测采样□样方样带调查　□其他，具体说明：		

注：1. 污染源描述包括污染源所在区域，主要排放的污染物，污染源排放途径和迁移途径等信息。
2. 基线信息描述包括备选基线，基线值，对照区域参考值，参考标准等信息。
3. 损害情况描述包括污染源直接排入环境的一次污染物，一次污染物进入环境转化生成的二次污染物，在污染物清理过程中引入或产生的污染物，以及污染物迁移路径等情况。
4. 污染清理情况描述包括污染清理的持续时间、开展区域、采取措施等信息。
5. 污染清理费用描述包括污染清理和人员安置等费用，以及每项费用的特别说明事项等信息。
6. 环境监测描述包括点位布置、监测数量和监测项目等情况。
7. 调查数据质量情况描述包括数据的完整性、逻辑性，环境监测的质量保证等信息。

3.3　因果关系分析

当判定污染环境行为引起健康危害时，必须掌握环境污染物的物理、化学原因证据，生物毒理学证据，环境流行病学证据等，这样才能确定环境污染与健康损害二者之间具有明确的因果关系。

3.3.1 存在环境污染事实

污染源明确，污染源向环境排放明确的污染物，且排污存在明显的区域性。人群居住地区的环境均受到该污染源排放的明确污染物的污染，居住环境（空气、水和土壤）中可检出污染物（超过国家有关环境标准）。历史上无该污染物污染，且污染物长期、连续的累积浓度（剂量）或强度高于非污染区。

3.3.2 先污染后损害的顺序

环境污染致人群健康损害需要一定的效应时间，而时间顺序是任何一项流行病学研究必须提供的证据。如果怀疑环境污染是引起健康损害的原因，则它必须发生于健康损害之前。

①环境污染导致的急性健康损害：时间间隔短，时间先后顺序相对易于判断。

②环境污染导致的慢性健康损害：时间间隔长，不仅要考虑其他诸如年龄、性别、自身免疫等因素的影响，而且两者的时间间隔还应符合已知的自然科学规律，超过发生损害的最短潜伏期。

3.3.3 生物毒理学依据

判定因果关系不仅需要确定污染物质存在有害作用，还应证明健康损害是由该物质引起的。环境污染物对人体健康的损害，可表现为特异性和非特异性损害两个方面。一般污染物暴露量极高或者污染物毒理作用明显、毒性机制确切，环境污染造成的人群健康损害符合现有的科学理论知识，更能说明因果关系的存在；当污染物毒性小、污染物浓度较低，或是长时间反复作用于人体致毒物在体内蓄积时，引起人体机能轻微损害往往显示为非特异性损害，但亦不能因此而排除因果关系的存在。因此探究因果关系要具有明确的生物毒理学意义：具有明确的毒理学证据或医学证据证明污染物能够导致人群的此种特异性健康损害或者严重的非特异性健康损害。部分特征污染物的健康损害特征可参考表3–16。

表 3-16　部分确定致病污染物清单

场地类型	污染物	疾病	人的证据	动物证据	参考文献
矿山污染场地	生产性粉尘	矽肺、石棉肺、煤工尘肺、石墨尘肺、炭黑尘肺、滑石尘肺、水泥尘肺、云母尘肺、陶工尘肺、铝尘肺、电焊工尘肺、铸工尘肺、根据《尘肺病诊断标准》和《尘肺病理诊断标准》可以诊断的其他尘肺病	充足	充足	《职业病分类和目录》
	镉及其化合物	痛痛病、肺癌	充足	充足	《环境卫生学》（全国高等学校教材），主编：杨克敌；IARC
	铅及其化合物	职业性铅中毒	充足	充足	《职业病分类和目录》
	汞及其化合物	职业性汞中毒、水俣病	充足	充足	《职业病分类和目录》《环境卫生学》（全国高等学校教材），主编：杨克敌
	锰及其化合物	职业性锰中毒	充足	充足	《职业病分类和目录》
	砷及其化合物	职业性砷中毒、肺癌、皮肤癌、肝血管肉瘤	充足	有限	《职业病分类和目录》；IARC
	铬化合物、六价铬	职业性铬中毒、铬鼻病、肺癌	充足	充足	《职业病分类和目录》；IARC
	磷及其化合物	磷及其化合物中毒	充足	充足	《职业病分类和目录》
	铀及其化合物	铀及其化合物中毒	充足	充足	《职业病分类和目录》
	镍及其化合物	肺癌、鼻癌	充足	充足	IARC
	锌	职业性锌中毒	充足	充足	《职业卫生与职业医学》（全国高等学校教材），主编：邬堂春
	钡及其化合物	钡及其化合物中毒	充足	充足	《职业病分类和目录》
	钒及其化合物	钒及其化合物中毒	充足	充足	《职业病分类和目录》
	锡及其化合物	职业性锡中毒	充足	充足	《职业病分类和目录》
	石棉	肺癌、间皮瘤	充足	充足	IARC
	铍	铍病、肺癌	充足	充足	《职业病分类和目录》；IARC
	毛沸石	间皮瘤	充足	充足	IARC
	二氧化硅、晶质	肺癌	充足	充足	IARC
	铊及其化合物	铊及其化合物中毒	充足	充足	《职业病分类和目录》

（续表）

场地类型	污染物	疾病	人的证据	动物证据	参考文献
化学原料和化学制品污染场地	氯气	氯气中毒、牙酸蚀病	充足	充足	《职业病分类和目录》
	光气	光气中毒	充足	充足	《职业病分类和目录》
	氟化氢	职业性氟化氢中毒	充足	充足	《职业卫生与职业医学》（全国高等学校教材），主编：邬堂春
	一氧化碳	一氧化碳中毒、急性一氧化碳中毒迟发性脑病	充足	充足	《职业病分类和目录》
	氰化氢	职业性氰化物中毒	充足	充足	《职业卫生与职业医学》（全国高等学校教材），主编：邬堂春
	甲烷	职业性甲烷中毒	充足	充足	《职业卫生与职业医学》（全国高等学校教材），主编：邬堂春
	二氯乙烷	职业性二氯乙烷中毒	充足	充足	《职业病分类和目录》
	氯乙烯	职业性氯乙烯中毒、氯乙烯综合征、肝血管肉瘤	充足	充足	《职业病分类和目录》；IARC
	氯甲甲醚、双氯甲醚	肺（燕麦性细胞）癌	充足	充足	IARC
	4-氨基联苯	膀胱癌	充足	充足	IARC
	联苯胺	膀胱癌	充足	充足	IARC
	2-萘胺	膀胱癌	充足	充足	IARC
	环氧乙烷	白血病	有限	充足	IARC
	芥子气	喉咽癌、肺癌	充足	有限	IARC
	1,3-丁二烯	白血病、卵巢癌、乳腺癌	充足	充足	IARC
	邻甲苯胺	膀胱癌、软组织瘤、骨癌	充足	充足	IARC
	有机磷	有机磷中毒	充足	充足	《职业病分类和目录》
	氨基甲酸酯类	氨基甲酸酯类中毒	充足	充足	《职业病分类和目录》
	拟除虫菊酯类	拟除虫菊酯类中毒	充足	充足	《职业病分类和目录》
石油化工污染场地	含硫酸的强无机烟雾	鼻咽喉、喉癌、肺癌	充足	无	IARC
	氮氧化物	氮氧化物中毒	充足	充足	《职业病分类和目录》
	氨	氨中毒	充足	充足	《职业病分类和目录》
	硫化氢	硫化氢中毒	充足	充足	《职业病分类和目录》

（续表）

场地类型	污染物	疾病	人的证据	动物证据	参考文献
石油化工污染场地	二硫化碳	职业性慢性二硫化碳中毒	充足	充足	《职业病分类和目录》
	苯的氨基、硝基化合物	苯的氨基及硝基化合物（不包括三硝基甲苯）中毒	充足	充足	《职业病分类和目录》
	苯	白血病	充足	有限	《职业病分类和目录》
	多环芳烃	肺癌	充足	充足	IARC
	苯并芘	肺癌、皮肤癌、膀胱癌	充足	充足	IARC
	煤焦油和沥青	皮肤癌、肺癌、膀胱癌	充足	充足	IARC
	页岩油或页岩润滑油	皮肤癌	充足	充足	IARC
	轻度或未经处理的矿物油	皮肤癌、膀胱癌、肺癌、鼻癌	充足	不足	IARC
其他场地	正己烷	职业性正己烷中毒	充足	充足	《职业病分类和目录》
	丙烯腈	职业性丙烯腈中毒	充足	充足	《职业卫生与职业医学》（全国高等学校教材），主编：邬堂春
	含氟塑料	有机氟聚合物单体及其热裂解物中毒	充足	充足	《职业病分类和目录》
	二异氰酸甲苯酯	职业性急性 TDI 中毒、职业性 TDI 哮喘	充足	充足	《职业卫生与职业医学》（全国高等学校教材），主编：邬堂春
	太阳辐射（紫外线）	黑色素瘤、皮肤癌	充足	充足	IARC
	含石棉状纤维的滑石粉	肺癌、间皮瘤	充足	不足	IARC
	木尘	鼻癌	充足	不足	IARC
	烟灰	皮肤癌、肺癌、食管癌	充足	不足	IARC
	TCDD	肺癌、非霍奇金淋巴瘤、恶性毒瘤	有限	充足	IARC
	黄曲霉毒素	肝癌	充足	充足	IARC
	甲醛	鼻咽癌、脑瘤、白血病	充足	充足	IARC
	大气污染	肺癌、膀胱癌	充足	充足	IARC
	柴油内燃机废气	肺癌、膀胱癌	充足	充足	IARC
	品红	膀胱癌、肝癌	充足	充足	IARC

（续表）

场地类型	污染物	疾病	人的证据	动物证据	参考文献
其他场地	电离辐射	外照射急性放射病、外照射亚急性放射病、外照射慢性放射病、内照射放射病、放射性皮肤疾病、放射性肿瘤（含矿工高氡暴露所致肺癌）、放射性骨损伤、放射性甲状腺疾病、放射性性腺疾病、放射复合伤	充足	充足	《职业病分类和目录》

3.3.4 区域性健康损害效应广泛

环境污染存在明显的区域性，在此区域内的人群不分年龄、性别、职业均会受到健康损害，污染区的动物也会出现相似的健康损害效应。若在发生环境污染后的一定时期内，采取多种手段切断污染途径，发生健康损害的频率或疾病的发病率或死亡率降低，人群健康损害效应逐渐变弱或者不产生损害，被剔除的非因果联系越多，环境污染与健康损害之间的关联属于因果关系的可能性越大。

3.3.5 强度依据

环境污染因素和健康损害结果的联系强度越大，因果关系的可能性越强。在流行病学中，某因素的作用强度一般是通过该因素导致人群中发生健康损害或疾病的频率来衡量的，可采用相对危险度（RR）、比值比（OR）和归因危险度（AR）等指标来解释。若暴露水平较低，可通过空气、水、食物和土壤中有害因素的负荷水平和生物材料（血液、毛发、尿液、脂肪、乳汁、汗液、指甲、牙齿、骨骼及组织活检材料）中的有害物质的含量，作为分析判断的依据。

3.3.6 暴露与损害的分布和变化一致

按照 HJ 25.1 和 HJ 25.2 对地块进行土壤污染状况调查及污染识别，并在此基础上，按照 HJ 25.3 分析关注地块内污染物迁移和危害敏感受体的可能性，确定地块土壤和地下水污染物的主要暴露途径和评估暴露模型，分析关注污染物对人群健康损害效应。具体应分析以下两种情况：

（1）环境暴露的变化与人群体内负荷变化的一致性。常住人群体内可检测出超过非污染区人群体内的明确污染物负荷，且随着环境污染物剂量的增加或暴露时间的延长，该人群体内负荷水平也有一定程度的增加。

（2）人群体内负荷与健康损害效应的一致性。受损害人群体内负荷达到一定程度可产生相应的损害效应或临床症状，符合健康损害效应谱体现的渐进关系，效应从弱到强可分为以下5级：

①污染物在体内负荷增加，但不引起生理功能和生化代谢的改变。

②体内负荷进一步增加，出现某些生理功能和生化代谢变化，但这些变化多为生理代偿性的，非病理学改变。

③引起某些生理功能或生化代谢的异常改变，这些改变已能说明对健康存在不良影响，具有病理学意义。但机体处于病理性的代偿和调节状态，无明显临床症状，可视为准病态（亚临床状态）。

④机体功能失调，出现临床症状，成为临床性疾病。

⑤出现严重中毒，导致死亡。

3.4　健康损害归因分级判定标准

健康损害归因分级是指根据污染物毒性、暴露量及暴露时间等条件，再结合受损害人群效应特征、自身疾病状况等，综合判定环境污染致人体健康损害分级，用于健康分担评价和环境污染因果关系判定。

1级：损害后果完全由环境污染因素引起，与个体自身因素无关，即环境污染因素为直接原因。如环境污染物对机体造成的损害具有某种典型的临床表现和特征，污染物可以引起机体特异的症状、体征、生理、病理、X线片的改变等，具有特异性的观察或检测指标。

2级：损害后果主要由环境污染因素引起，而个体因素只起到部分作用，为次要因素，且环境污染因素独立存在就可导致损害后果，此时环境污染为主要原因。如对某个体而言，确切的环境污染物可对人体造成损害，既往已存在生理功能、免疫功能、抵抗能力、劳动能力、健康状况等的下降，遭受一定强度的环境污染物刺激，引起更为严重的健康损害，均可考虑定为此级。

3级：环境污染因素和个体因素共同造成损害后果，两者所起的作用大小类似，单独存在均不能引起类似的损害。如环境污染物导致的原有疾病的加重可评定为此级。

4级：损害后果主要由个体自身因素引起，环境污染因素只是在原有潜在疾病的基础上致使其症状显现，此时环境污染为诱发原因，为外因。如事件发生前无明显症状或仅有不确定的前驱症状或病情稳定，环境污染事件发生后病情加重、出现明显症状，可考虑定为此级。

5 级：损害后果主要由个体自身因素引起，环境污染因素只是在原有疾病基础上致使症状有所加重，此时环境污染为辅助原因，环境污染因素为多种可对疾病发展产生不利影响因素的一种。

6 级：损害后果完全由个体自身因素引起，与环境污染因素无关。如环境污染事件发生前已有明显的临床表现。

3.5 质量控制

3.5.1 数据适用性

选择数据收集范围，明确数据来源，核实收集数据与暴露评估之间的相互关系。在进行抽样时，要充分考虑数据的应用条件、代表性、可获得性和可解释性，确保数据的适用性。

3.5.2 数据准确性

核实问卷调查数据的质量控制情况，包括问卷设计、调查培训、回收率、审核率、数据录入等。核实实验室检查数据是否按照国家相关部门颁布的标准执行，检测分析过程中是否建立了质量控制体系，包括采样记录、原始记录、质控记录、结果报表等；模型模拟或预测是否选择国家相关部门推荐的通用方法。

3.6 信息汇总分析

调查人员应对损害调查阶段获得的信息进行分析，确定评估区域特征污染物类型、浓度水平和空间分布情况，明确生态环境和人体健康损害的调查，整理生态环境和人体健康损害的情况，整理调查信息和分析检测结果，评估分析数据的质量和有效性，对是否需要补充调查进行判断。调查人员应填写生态环境和人体健康损害调查信息汇总表，详见表 3–15。

3.7 场地土壤生态环境和人体健康损害因果关系判定评估报告（意见书）编制总体要求

评估机构应根据委托方要求，依据相关法律法规的规定，编制司法鉴定意见书或鉴定评估报告书。司法鉴定意见书的编制应执行《司法部关于印发司法鉴定文书格式的通知》中要求的司法鉴定意见书文书格式，应突出场地土壤生态环境损害确定、人体健康损害确定、因果关系分析的判定过程和分析说明。评估报告（意见书）的格式和内容要求参见下文。

编制场地土壤生态环境和人体健康损害因果关系判定评估报告（意见书），同时建立完整的判定工作档案。

3.7.1 基本情况

写明场地土壤生态环境和人体健康损害因果关系判定评估委托方、委托判定评估事项和场地土壤生态环境和人体健康损害因果关系判定评估机构；写明场地土壤生态环境和人体健康损害因果关系判定评估的背景，包括损害发生的时间、地点、起因和经过；简要说明场地土壤生态环境和人体健康损害发生地的社会经济背景、环境敏感点、造成潜在场地土壤生态环境损害的污染源、污染物等基本情况。

3.7.2 评估方案

（1）评估目标

依据委托方委托的判定评估事项，详细写明开展场地土壤生态环境和人体健康损害因果关系判定评估的工作目标。

（2）评估依据

写明开展本次场地土壤生态环境和人体健康损害因果关系判定评估所依据的法律法规、标准和技术规范等。

（3）评估范围

写明开展本次判定评估工作确定的场地土壤生态环境和人体健康损害的时间范围和空间范围，以及确定时空范围的依据。

（4）评估内容

写明本次判定评估工作的主要内容，包括场地土壤生态环境和人体健康损害因果关系判定评估的对象和内容（场地土壤生态环境损害确定、人体健康损害确定和因果关系分析等）。

（5）评估方法

详细阐明开展本次场地土壤生态环境和人体健康损害判定评估工作的技术路线及每一项判定评估工作所使用的技术方法。

3.7.3 评估过程与分析

（1）场地土壤生态环境损害调查确定

详细介绍污染环境或破坏生态行为调查和场地土壤生态环境损害调查方案，包括资料收集、现场踏勘、座谈走访、采样方案、检测分析、质量控制等过程，写明调查结果，包括是否存在污染环境或破坏生态行为以及行为方式，是否存在场地土壤生态环境损害及损害类型等。

（2）人体健康损害调查确定

详细介绍污染环境行为调查和人体健康损害调查方案，包括收集分析基础信息、调查确认损害行为、确认环境基线、调查确认损害事实等过程，并在此基础上发展并总结信息，包括背景资料、基线资料、人群暴露途径、潜在暴露人群资料以及现场土壤资料等，写明调查结果，包括是否存在污染环境或破坏生态行为以及行为方式，是否存在人体健康损害及损害类型等。

（3）因果关系分析

详细阐明本次场地土壤生态环境和人体健康损害判定评估中判定污染环境行为与人体健康损害间因果关系所依据的标准或条件，以及分析因果关系所采用的技术方法。详细介绍因果关系分析过程中所依据的证明材料，现场踏勘、监测分析、实验模拟、数值模拟的过程和结果。写明因果关系分析的结论。

3.7.4 评估结论

针对场地土壤生态环境和人体健康损害因果关系判定评估委托事项，写明每一项场地土壤生态环境损害、人体健康损害的判定评估结论，包括场地土壤生态环境损害、人体健康损害确定结论和因果关系分析结论。

3.7.5 签字盖章

场地土壤生态环境和人体健康损害因果关系判定评估报告应当由鉴定人签名，并加盖鉴定评估机构公章。

3.7.6 特别事项说明

阐明报告的真实性、合法性、科学性。明确报告的所有权、使用目的和使用范围。阐明报告编制过程及结果中可能存在的不确定性。

3.7.7 附件

附件包括场地土壤生态环境和人体健康损害因果关系判定评估工作过程中依据的各种证明材料、现场调查监测方案、现场调查监测报告、实验方案与分析报告等。

4 因果关系的评价方法

对于环境暴露已知而健康效应尚未明确的情况，宜采用因子指向调查法证明污染物与健康效应间的联系。对于健康效应明确而环境暴露未明的情况，首先，通过运用病例对照研究来广泛探索和深入研究环境污染致健康损害（特异性和非特异性效应）发生的影响因素，分析、筛选出若干个主要的对此健康损害作用显著的可疑环境暴露。这种方法是最常用的，且简便易行，可以调查较多的因素，尤其对于发病率极低的疾病来说是唯一可行的研究方法。但其缺点在于易发生偏倚，影响其可靠性。其次，采用论证强度更高的回顾性研究队列研究，探讨结论的可重复性，以证实这些可疑环境暴露与健康损害之间关系的病因学假设。鉴于环境污染健康损害因果关系的特点，要求采用的方法要具有充分、有力的效力，以提供综合有价值的信息，这样才能对二者之间的因果关系做出评价。本书总结以下几种因果关系的评价方法。

4.1 因果关系评价方法

4.1.1 分布论的运用

选择、采用特定方法来提示环境因子暴露导致的健康效应，且要求方法有充分的效力以提供有用的信息，是环境流行病学研究需要解决的首要问题。经典流行病学中的分布论完全适用于环境流行病学的研究任务。应用分布论研究因素和疾病（效应）的意义在于：它可以使我们了解因素和疾病（效应）的基本特征，为疾病（效应）判断或诊断提供有价值的信息，据此合理安排防治工作的重点，以做到事半功倍。当然，更重要的是，分布论有助于阐明疾病（效应）的发生、发展规律和提供病因线索。

流行病学是研究疾病在人群中的分布及其影响因素，制订和评价疾病预防与控制、健康促进的策略与措施的科学。疾病分布是流行病学的一个十分重要的基本概念，是流行病学探索疾病规律的研究起点，是流行病学区别于其他医学学科独特的研究视角。所谓疾病分布是指疾病在不同人群、不同地区和不同时间的分布特征，简称疾病"三间"分布，又称为疾病的流行病学特征，或疾病的人群现象。描述疾病分布的具体方法是，将流行病学调查或记录的资料按照人群、时间和地区的特征分为相应的组别，分别计算发病率、患病率、死亡率、病死率等指标，然后加以比较、分析并归纳其分布规律。

（1）疾病的流行强度

某种疾病在某地区特定时段内的某人群中，发病数量的变化及其病例间的联系程度常用散发、暴发及流行等表示。

①散发（Sporadic），是指某种疾病的发病率呈历年的一般水平，各病例间在发病时间和地点方面呈无明显联系的散在发生。其一般不能用于人口较少的居民区，因为在人口较少的条件下所算出的发病率受偶然因素的影响较大，年发病率很不稳定，所以一般多用于区、县以上的范围。

②暴发（Outbreak），是指在一个局部地区或集体单位内，短时间内突然有很多症状相同或相似的患者出现。一般而言，当环境污染物对人体健康的损害表现为急性影响时，则疾病常呈现暴发的特点，如"淮河'94·7'特大污染事故"发生时，污染团沿淮河而下，所到之处，因饮水不洁导致市民腹泻频发，医院一时为之爆满。

③流行（Epidemic），是指某地区某病显著超过该病历年的（散发）发病率水平。如果某病达到流行水平，意味着有促使发病率升高的因素发挥作用，应当引起注意。当然，有些疾病可能远远超过流行的水平，此时，称之为大流行。大流行显著的特点之一是传播迅速、波及面广。

（2）疾病的分布形式

疾病的流行特征是病因的外在表现，是形成病因假设的重要来源，而流行特征主要体现在疾病的人群、时间及地区分布上，因此，收集和归纳相应的疾病分布资料将成为流行病学研究的最初着眼点。

①人群分布。

描述疾病在人群中的分布，可根据人群的特征按照不同年龄、性别、职业、民族等分组，然后进行发病率、患病率和死亡率等水平的比较。通过比较提出病因线索，有助于探索病因和流行因素，从而为防治工作提供依据。

a. 年龄：在研究疾病与健康的分布时，年龄往往是最重要的因素。大多数疾病在不同的年龄组的发病情况不同，如铅暴露致健康损害，以儿童病情为轻、中和重。暴露病原因素的机会、时间、强度不同，可导致出现疾病年龄分布的差异。如环境污染物诱发的一些疾病，大多数是在较低的剂量下数月或数年内的重复暴露导致的，因此随着年龄增大，发病率和死亡率也增高。在分析疾病的年龄分布时还需要考虑因年龄不同所带来的诊断准确度变化。由于低年龄组的自觉症状叙述不清，对诊查检验不易配合，诊断结果往往会存在偏倚。高年龄组的疾病往往较为复杂，可能会干扰诊断结果，分析时应予慎重。在比较两组人群的发病率或死亡率时，务必要考虑年龄的构成差异，此时应选用年龄标准化进行比较，以避免得出错误的结论。

b. 性别：疾病的发病和死亡存在性别差异，探讨男性和女性发病率、患病率、死亡率的差异常有助于探索致病因素。除了乳腺癌、宫颈癌以外，绝大多数癌症死亡率均为男性高于女性。这可能与男性暴露于致病因素的机会较多有关。而环境镉污染造成骨损伤病症多见于女性且严重于男性，其原因与生理等因素有关。

c. 职业：从事不同职业的人员因暴露的危险因素不同和工作紧张程度不同，对多种疾病发生的概率也不同，例如长期暴露于石棉灰尘的工人易发生肺癌，皮毛作业工人患炭疽的概率较高。在调查职业暴露与发病的关系时，要注意人们对职业暴露因素的敏感性和耐受性不同、对职业选择不同所造成的选择偏倚和"健康工人效应"。

d. 民族：不同民族和种族之间在疾病的发病率和死亡率及其严重程度方面均存在明显的差异。

e. 婚姻与家庭：婚姻是人类生活的重要组成部分，研究婚姻与健康关系的重要性不言而喻。由于女性孕期内要抑制胎儿的排斥反应和防止胚胎发育不全或胎儿畸形，加之孕期内激素的变化，怀孕女性的免疫系统反应表现得较为消极。因此，孕期女性更易受到环境内分泌干扰物（EDCs）的影响。

②时间分布。

疾病的时间分布是指疾病的测量频率随时间而变动的趋势。不同疾病的时间分布不同，同一疾病可能表现为时间分布上的多种特征。研究疾病的时间分布不仅可以获取疾病病因的相关线索，而且能够反映疾病病因的动态变化，同时还有助于我们验证可疑的致病因素与疾病之间的关系。

一般而言，研究环境污染疾病的时间分布主要有以下几个方面：

a. 短期波动：有时也称时点流行或暴发，然而两者并不完全相同，其区别在于暴发常用于少量人群，短期波动常用于较大数量的人群。如 1952 年的伦敦烟雾，对于某一具体人群而言，其影响可能并不明显，但对全市来说，居民呼吸道疾病发病率和死亡率明显增高，疾病短期波动的社会影响大，原因容易判明，应不失时机地进行调查研究以便进行疾病防控。

b. 季节性：疾病每年在一定的季节内呈现发病率升高的现象称为季节性（Seasonal Variation）。呼吸道疾病全年都有发病，但在一定季节里患者明显增多，如冬季供暖期燃料燃烧量增加引起空气污染加重，导致呼吸道疾病发病率明显高于夏季；而肠道疾病夏秋季发病率明显高于冬春季。

③地区分布。

疾病在不同地区的分布是有差异的，影响疾病分布的因素有自然因素和社会因素两个方面：自然因素包括气象、地理、水质、媒介昆虫以及动物的生长繁殖等因素；社会因素包括人口流动、生活习惯、社会活动、卫生防疫等因素。研究疾病的地区分布也是流行病学研究十分重要的任务之一。了解疾病的不同地区分布，不仅有助于为探讨病因提供线索，同时还有助于拟订防治策略，便于有效地控制和消灭疾病。

当研究某病的地区分布时，如探讨疾病在世界各国间的分布，可将患病地区按照国家、区域、大洲为单位划分；若研究疾病在国内的分布，可按省、市、区、乡、村或街道等行政区域来划分，也可按不同的地理条件来划分，如按山区、平原、湖泊、森林、草原等来划分。当然，在实际划分时，应选择合适的变量特征。

一般来说，影响疾病地区分布差异的主要原因如下：

a. 所处的特殊地理位置、如地形、地质及环境条件。如山谷地形造成大气污染物不易扩散，如比利时马斯河谷烟雾事件等。

b. 气象条件的影响，如温度、湿度、气压、风速等因素。剧烈的气象变化会导致不良的天气和气候，加重环境污染程度，如 1952 年 12 月英国伦敦烟雾事件发生时，为无风、逆温层、湿度达 90% 的恶劣气象条件。气象条件还能影响许多生物病原体（病毒、细菌、寄生虫等）、生物媒介（如蚊、蝇、虱、钉螺等）的生长繁殖和疾病的传染或传播力，从而间接地决定某些疾病的高发或蔓延。如血吸虫病与钉螺的分布密切吻合。

c. 人群的特殊生活、风俗习惯及其遗传学特征。

d. 经济条件、文化水平等社会因素的影响。生产力的发展、交通的建设，以及地区之间交流的频繁，地域差异将逐渐缩小，这在一定程度上也会改变疾病的地区分布。

某些疾病常存在于某一地区或某一人群中，不需要从外地输入则称为地方性。地方性疾病（Endemic Diseases）又称地方病，是指局限于某些特定地区内相对稳定并经常发生的疾病。从广义上说，地方病包括自然疫源性疾病，如以自然界野生动物为传染源的传染病（森林脑炎、流行性出血热、鼠疫等）、自然地方性传染病等。狭义的地方病主要指与当地水土因素、生物学因素有密切关系的疾病，其病因存在于发病地区的水、土壤、粮食中，通过饮食而作用于人体，诱发疾病。如地方性甲状腺肿、大骨节病、氟中毒等。判断地方性疾病的依据：

a. 该地区的各类居民、任何民族的发病率均高。

b. 在其他地区居住的类似人群的该病发病率均低，甚至不发病。

c. 外来的健康人在当地居住一段时间后也会发病，其发病率与当地居民接近。

d. 迁出该地区的居民的该病发病率下降，患者的症状也有减轻或自愈的趋势。

e. 当地的易感动物也可发生类似疾病。

符合上述标准的条数越多，说明该病与该地区的有关致病因素越密切。

分布论阐明了环境因素分布与疾病（效应）分布二者关系的一般规律，概要如下：

a. 环境因素的地区分布与疾病（效应）的地区分布相一致，则该因素可能是该疾病（效应）的决定因素或原因。

b. 环境因素的时间分布与疾病（效应）的时间分布相错，因素出现在前，疾病（效应）出现在后，则该因素有可能是该疾病（效应）的决定因素或原因。

c. 环境因素的强度分布与疾病（效应）强度分布相一致，则该因素可能是该疾病（效应）的决定因素或原因。

运用分布论来设计研究工作，观察某环境因素与某种疾病（效应）的相关现象，可以帮助建立暴露–效应关系，来准确地描述环境污染、有害因素的环境负荷及其健康效应，或探讨某种尚不明其原因的效应发生原因。

4.1.2 对比法的运用

比较环境暴露人群与非暴露人群中某种效应的强度、效应率，以判明二者之间差别是否显著，是提示环境因素和效应的关系最常用的方法。人们常选择污染区、高负荷区为观察区，同时设立非污染区、低负荷区为对照区，做对比研究。

对比法的缺点是不能排除混杂因素对观察的干扰，因此，实行有效的对比研究应注意控制混杂因素。

如果对比的两组人群在群体特征上，如年龄构成、职业构成、民族构成、收入及教育水平基本相同，这就控制了一些常见的混杂因素，具备了可比的基础。研究人员如确信暴露人群中不存在某种群体混杂因素（例如，暴露于大气污染的人群中的吸烟情况），则用对比法研究的价值不会受怀疑。如混杂因素仅涉及少数个体或群体中的小部分人群（如肾炎、糖尿病患者等），则采用扩大调查样本量的方法，可避免这种混杂因素影响。

在对比法研究中有时找不到适宜的对照人群。例如 Mckeown-Eyssen 在对加拿大魁北克印第安克里族人群居的村落进行甲基汞中毒症的流行病学研究中，完全找不到同民族的对照人群。但他仍然成功地完成了甲基汞负荷与非特异性神经系统体征之间的关系研究，所采取的特殊策略是将受检村民按头发甲基汞含量的高低分组，又用判别分析法将各组村民划分为病例与对照（非病例）两组，按病例－对照研究方法分析甲基汞（因素）与神经系统体征（效应）之间的联系。

对比法研究是分布论运用中的一种最简单的情形，因素分布的差异和效应分布的差异只在一对资料之间进行比较。对于根据二者差异相符就得出因素与效应之间的因果关系的结论，应持谨慎态度。原因在于联系的偶然性仍不能排除，特别是有混杂因素干扰、观察偏倚存在时。因此，在进行对比分析时，可参考以下的经验性原则：

①对于器质性损伤疾病，如恶性肿瘤、心肌梗死、甲状腺肿大、畸形等调查资料，进行对比研究具有较大的价值。

②对于非特异性体征（如神经系统损伤体征）检查资料，要经过严格的甄别（比如运用判别分析法），以确定体征阳性的人是否为"患者"。采用这样

获得的资料进行对比研究才有价值。

③对于较灵敏的非特异性生理、生化指标的检测资料，进行对比研究时应慎重下结论。

将对比法加以扩充，使暴露人群再按暴露水平分为若干亚群，形成暴露梯度（等级），观察每一亚群中的效应水平，建立因素水平与效应水平之间的线性关系，即"暴露－效应关系"。暴露－效应关系评价是环境流行病学中研究病因的重要方法，也是一种较为理想的研究方法，凭借它可以确认环境因素引起了某种健康效应和证实被怀疑的环境因素是某种健康效应的原因。暴露－效应关系是环境暴露与健康效应之间固有关系的表现，不会受到混杂因子的干扰影响，因此具有较强的论证能力。以此为基础可以确认已经查明的环境因素引起了已经被认识的健康效应，证实或揭示被怀疑的环境因素是某种效应的原因。

4.1.3 空间流行病学方法

空间流行病学是指利用地理信息系统（GIS）和空间分析（Spatial Analysis）技术，描述与分析人群疾病、健康和卫生事件的空间分布特点及发展变化规律，探索影响特定人群健康状况的决定因素，并为防治疾病、促进健康以及卫生服务提供策略和措施支持。随着 GIS 和空间分析这两项核心技术的进步，空间流行病学在病因研究中发挥的作用越来越大；同时，其对于卫生管理特别是公共卫生应急管理的决策辅助功能日益突出。

传统流行病学使用常规的疾病测量指标描述疾病的二维平面分布，地理流行病学用空间概念关注疾病的三维立体分布，景观流行病学对疾病分布的描述则包含时间在内的四维动态空间分布。空间流行病学则关注在更多的维度上对疾病分布进行描述。空间流行病学关注的热点问题概括如下：时空聚集性；空间随机性；地理信息系统；地理信息科学；地理单元问题；空间分析或空间统计；空间自相关问题。

综观其发展过程，关于空间流行病学的概念，不难发现其中的重要信息：

①在方法上，依赖于以计算机与信息技术为基础的空间分析技术。空间流行病学可完成对健康、疾病和卫生服务等事件的空间数据收集、分析、发掘和可视化处理（制图）等，管理疾病、健康和卫生服务等信息，实现包括咨询、查询、量算、聚集分析等功能在内的信息提取工作，这是传统流行病学无法完成的。

②对疾病数据的海量储存分析能力，使数据分析和发掘更加精确快速，可以从大数据、多维视角挖掘传统流行病学无法发现的信息。

③空间分析技术的发展将是空间流行病学发展的关键，学科的发展与成熟必然是从定性到定量的过程。空间统计方法可以将数据的定性分析上升到定量描述的层面，可以直接量算各类疾病数据之间的空间统计关联，从空间形态、空间位置、空间拓扑关系以及空间多维动态的视角去理解疾病的诱因、发生与发展。这也是传统方法所缺失的。空间流行病学离不开空间统计技术，有地理空间特性标记的疾病与人群数据、先进的计算机技术、GIS 技术、统计学技术使得空间数据变量在小尺度上研究疾病危险性成为可能。空间流行病学正是致力于对这些空间数据变量的描述和解析。

空间流行病学技术（包括 GIS、遥感和 GPS 技术等）以其宏观、动态的特点，至今已应用于环境污染监测、工程卫生学评估、疾病预防控制、公共卫生应急管理、监测预警等领域中。

（1）环境污染监测的应用

环境污染和各种疾病发病原因的关系错综复杂，应用空间流行病学中的方法与技术，综合对环境污染的点、线源危害程度及影响范围进行监测，可做出有效的评价。这主要用于大气监测、水质监测、生态环境监测、城市热岛效应遥感监测等方面。如辽宁环保所应用红外扫描仪对抚顺露天煤矿进行监测，分析了矿坑上空逆温层的形成与大气污染物扩散的关系，分析了矿区产生污染的条件，为露天煤矿的污染防治和环境污染预报提供了科学依据。此外，有研究利用卫星遥感资料估算了渤海湾表层水体叶绿素的含量，建立了叶绿素含量与海水光谱反射率之间的相关模式。颜维安等利用 GIS 和遥感技术，结合其他水、大气的监测指标，评价了垃圾填埋场的二次污染物对环境产生污染及其对人体健康的危害，因而应用空间分析技术可预测填埋场今后长期污染的范围与强度，并提出相应的对策。同时，专家们也归纳了基于空间分析技术及模型，可用于确定污染源及盛行污染路径、确定污染区域面积和污染损失、对污染损失费用进行分摊分析，为监测和治理环境提供科学依据。

（2）传染病预防控制的应用与研究

在传染病传播趋势的预测方面，我国科学家主要开展了预测疾病发生的趋势、流行强度、疫区特征、疾病或媒介的空间分布特征以及预测卫生事件的空间分布等。应用 GIS 预测模型来预测不同血吸虫病流行程度的可能性和正确性。在应用于疾病监测方面，主要展示疾病时空分布、确定疾病的高发地区和高危人群，探索疾病病因或危险因素。应用空间聚类分析，显示北京市海淀区 HFRS 病例呈聚集性分布，在建立北京市海淀区 HFRS 病例空间分布专题地图的基础上，显示 HFRS 病例的空间分布为非随机分布。Yang 等对江苏省近 10 年间以县为单位的日本血吸虫感染率和危险因素资料进行了分析，结果表明植被指数与日本血吸虫感染呈负相关，地表温度与之呈正相关，认为空间自相关的变化与大规模吡喹酮化疗有关；分析了我国血吸虫病第三次流行病学数据，提出并建立应用血清学阳性率来估算以村为单位的人群感染率贝叶斯模型。

（3）非传染病预防控制的应用与研究

在非传染病研究方面，空间流行病学技术已应用于肿瘤、心血管、高血压等方面的研究。如在肿瘤的空间流行病学方面，应用空间分析方法可掌握恶性肿瘤在人群中的发病情况和地区分布规律，这对探讨肿瘤的病因、正确组织抗癌和评价肿瘤防治研究工作的质量和效果都有很大的作用。我国自 20 世纪 70 年代以来，进行了大量有关癌症的空间流行病学问题的研究。结果发现胃癌、食管癌、肝癌、鼻咽癌等癌症在我国具有突出的地方性高发的特点。如江苏省扬中市、浙江省仙台县、福建省惠安县、广东省南澳县以及新疆北部等都是食管癌的高发地区。地质学工作者还根据各地的环境特征和氟的来源，将我国氟中毒病区分为 6 个类型，并根据这些类型，有针对性地采取不同的预防措施，取得了较好的防治效果。

（4）公共卫生应急管理的建设和预警技术的应用

公共卫生应急管理系统应基于信息可视化技术，是网络 GIS 在医疗卫生行业上的一种应用。该系统能使用户轻而易举地分析与地理位置相关的各种信息，并可一目了然地发现隐藏在数据中的答案，将数据信息转变为可视化的结论，从而可帮助用户进行直观快速的决策，以提高工作效率。

针对局部人群或家庭连续暴露于特定环境污染的情况，用这种方法研究环境污染与健康损害之间的因果关系的具体做法是，选取小面积的研究设计，在小、中或大空间里，运用 GIS、空间模拟技术等方法进行空间分析，校正相邻空间（和时间）单位之间的自相关，进而探讨其因果关系。例如研究居民居住地同主干道的距离与呼吸系统疾病发病率的关系，居民地同高温焚烧炉的距离与先天性畸形率的关系，均可以采取这种方法。

4.1.4　时间序列分析法

　　时间序列又称动态序列，是按时间先后顺序将同一变量的实际数据排列起来所构成的集合。时间序列分析是统计学的一个重要分支，旨在挖掘前后数据的相关性（记忆效应），应用数学模型将其表示出来，从中找出变量（或事物）的变化规律，预测其未来发展趋势。它可用于分析公共卫生事件在时间上的规律，进而起到预测和预警作用。目前时间序列分析常用方法主要有 3 种：数据图法、指标法和模型法。其中模型法利用现代数理方法，结合计算机技术，拟合最优模型有其明显的优越性，占据了时间序列分析中的主导地位。常见模型包括自回归 AR（p）模型、移动平均 MA（q）模型、自回归移动平均 ARMA（p，q）模型，以及自回归综合移动平均 ARIMA（p，d，q）模型等。在实际应用中，ARMA（p，q）模型和 ARIMA（p，d，q）模型最常被采用。

　　（1）自回归 AR（p）模型

　　该模型仅通过时间序列变量的自身历史观测值来反映有关因素对预测目标的影响和作用，不受模型变量相互独立的假设条件约束，所构成的模型可以消除在普通回归预测方法中，由于自变量选择、多重共线性等造成的困难。

　　如果一组观测值和 p 个过去值有关，则是 p 阶自回归过程，记为 AR（p）。其模型表达式为：

$$\text{AR}（p）：y_t = \theta_1 y_{t-1} + \theta_2 y_{t-2} + \theta_3 y_{t-3} + \cdots + \theta_p y_{t-p} + u_t$$

　　式中：y_t 为一个时间序列，p 为自回归模型的阶数，θ_1 为模型的权重系数，u_t 是随机剩余项，其数学期望值为 0。AR（p）模型把观测值 y_t 描述成其自身 p 个过去值 y_{t-1}，y_{t-2}，$\cdots y_{t-p}$ 的线性回归与一个随机剩余项 u_t 的和，因此称为自回归模型。

　　（2）移动平均 MA（q）模型

　　该模型用过去各个时期的随机干扰或预测误差的线性组合来表达当前预测值。当 AR（p）的假设条件不满足时可以考虑用此形式。

　　如果一组观测值和过去 q 个误差有关，则将 y_t 描述为过去误差的线性回归，称为移动平均模型，记为 MA（q）。其模型表达式为：

$$\text{MA}（q）：y_t = u_t - \theta_1 u_{t-1} - \theta_2 u_{t-2} - \theta_3 u_{t-3} - \cdots - \theta_q u_{t-q}$$

　　式中：y_t 为一个时间序列，q 为模型的阶数，θ 为模型的权重系数，u_t 为误差。MA 模型的目的就是求各个 θ 的估计值。

（3）自回归移动平均 ARMA（p，q）模型

该模型使用两个多项式的比率近似一个较长的 AR 多项式，即其中（p，q）个数比 AR（p）模型中阶数 p 小。前两种模型分别是该种模型的特例。一个 ARMA 过程可能是 AR 与 MA 过程、几个 AR 过程、AR 与 AR–MA 过程的叠加，也可能是测度误差较大的 AR 过程。

为了在实际时间序列的拟合中能有较大的灵活性，经常将自回归和滑动平均项同时纳入模型，这就引出了自回归移动平均模型，记为 ARMA（p，q）。其表达式为：

$$y_t = \theta_1 y_{t-1} + \theta_2 y_{t-2} + \theta_3 y_{t-3} + \cdots + \theta_p y_{t-p} + u_t - \theta_1 u_{t-1} - \theta_2 u_{t-2} - \theta_3 u_{t-3} - \cdots - \theta_q u_{t-q}$$

运用 ARMA 模型的前提是用作分析的时间序列是平稳的。当时间序列不平稳时，需要进行数据变换，成为平稳序列后再应用此模型。AR（p）和 MA（q）模型实际上是 ARMA 模型的特殊情况。

（4）自回归综合移动平均 ARIMA（p，d，q）模型

该模型形式类似 ARMA（p，q）模型，但数据须经过特殊处理。特别是当线性时间序列非平稳时，不能直接利用 ARMA（p，q）模型，但可利用有限阶差分使非平稳时间序列平稳化。若时间序列存在周期性波动，则可按时间周期进行差分，目的是将随机误差有长久影响的时间序列变成仅有暂时影响的时间序列，即差分处理后新序列符合 ARMA（p，q）模型，原序列符合 ARIMA（p，d，q）模型。

时间序列研究在环境病因学研究中有着特殊的作用。一些环境暴露常会有短期的波动，尤其是城市空气污染水平和天气条件等，这些波动可能会引发一些急性健康影响，比如哮喘的发作在高污染的天气里增加，每日死亡率在极端温度的天气里增加等，对于这一类问题，就可以运用时间序列研究。

工业化进程中的大气污染物排放使得大气环境污染日趋严重，因大气污染造成的环境公害事件也屡有发生。为了控制或防止严重大气污染事件的发生，许多国家开展了大气污染趋势预报的研究。在我国，时间序列分析法作为一种主要的统计预报方法在大气污染预报方面应用较多。程承旗等利用时间序列分析法揭示了厦门市大气环境中 PM_{10} 浓度随时间变化的周期性规律。黄磊等构建并比较了 4 种常规时间序列统计预报方法的预报效果，同时对预报模型进行

了综合，发现综合模型预报效果优于单个预报模型，预报准确率可达71%。柴微涛等利用 ARMA 模型对成都市空气污染指数进行具体分析，证明应用时间序列分析大气污染物状况是比较有效和可行的。

近年来，时间序列分析法逐渐应用于大气污染与人体健康的定量评价研究上，国内亦有类似报道。李晋芬等利用时间序列分析法研究发现，空气中 SO_2 浓度与医院内科门诊量的增加显著相关，TSP 浓度与医院急诊科日门诊量相关。张金良等采用时间序列分析模型发现，大气污染对居民的每日死亡率影响显著，冬季的影响大于夏季，且对慢性阻塞性肺疾病等呼吸系统疾病影响较大。常桂秋等利用时间序列模型进一步揭示了大气中污染物 CO、SO_2、NOx、TSP 浓度与呼吸系统疾病、心脑血管疾病、慢性阻塞性肺疾病和冠心病死亡率之间显著相关，随着污染物浓度的增高，相应疾病死亡率均有不同程度的增高。

该方法可以对较低频率（如季节）循环变异、背景的长期趋势和自相关等进行校正，优点是研究人群的持续特征（如年龄、社会经济状况、吸烟等习惯）不随时间改变，没有人群间的混杂。不仅如此，还可以对个体水平进行时间序列分析，例如追踪一组哮喘患者，每天测量每人的症状和肺功能等。

4.1.5　健康危险度评价

针对非特异或慢性环境污染导致的健康损害，可运用一定的健康危险度评价（Health Risk Assessment，HRA）来研究因果关系。首先利用毒理学、流行病学及实验研究知识判断污染物能否造成人群健康损害；其次确定污染物暴露量与人群健康损害效应间的定量关系；再次判断污染区域人群暴露剂量、暴露途径及持续时间，并以个体或人群终生日均暴露剂量率作为比较的指标；最后进行风险特征分析，计算人群终生超额风险、人群年超额风险、人群年超额病例数，预测污染区域人群健康风险。若人群健康风险超过对照人群，且具有显著性意义，则进行后续的因果关系判定。

健康危险度评价是按一定的准则，应用毒理学研究和流行病学调查等的资料，系统科学地表征有害环境因素暴露对人类和生态的潜在损害作用，并对产生这种损害作用证据的强度或充分性进行评定，对危险性评估相关的不确定性进行评价。健康危险度评价的主要特点：

①健康保护观念的转变。安全是相对的，在任何情况下要绝对的安全是不可能的。因为不可能将有害健康的污染物完全清除，只能逐步控制污染，使之

对健康的影响处于一般人可接受的危险水平。

②把环境污染对人体健康的影响量化。环境污染对人体健康的影响或危害不仅需要"有"或"无"的判别标准,而且需要定量地阐明危害健康的程度。如已知某化学污染物具有致癌性,它所能引发的癌症在该化学物进入人类环境前就已在人群中存在,该污染物进入环境后可能增加了这种危害的强度和频率。人们期待通过致癌危险度评价,回答由于该污染物的暴露所增加的癌症发生频率和可能增加的患癌人数,便于做出健康危害的经济代价与社会经济利益的选择与权衡。

目前世界各国多以美国提出的《危险度评价和危险度管理的基本组成》和《环境污染物健康危险度评价指南》为基础开展环境健康危险度评价。而美国对《环境污染物健康危险度评价指南》定期进行修订公布。目前有 10 个组成部分:《致癌物危险度评价指南》(2005 年);《暴露估计指南》(1992 年);《致突变性危险度评价指南》(1986 年);《可疑发育毒物健康危险度评价指南》(1991年);《化学混合物健康危险度评价指南》(2000 年);《生态风险评价指南》(1998 年);《神经毒物健康危险度评价指南》(1998 年);《微生物健康危险度评价指南》(2009 年);《生殖毒物健康危险度评价指南》(1996 年);《致癌物生命早期暴露的易感性评价指南》(2005 年)。

健康危险度评价必须应用毒理学、流行病学、统计学以及监测学等多学科发展的最新成果和技术,是一门跨学科的方法学。健康危险度评价是由几个步骤有机组织起来的系统的科学方法。

(1)危害鉴定

危害鉴定(Hazard Identification)是健康危险度评价的首要步骤,属于定性评价阶段。其目的是确定在一定的接触条件下,判断被评价的化学物是否会产生健康危害及其有害效应的特征。

危害鉴定的依据主要来自流行病学和毒理学的研究资料。流行病学资料可直接反映人群暴露后所产生的有害影响特征,不需要进行种属的外推,是危害鉴定中最有说服力的证据。应用于危害鉴定的流行病学研究应包括:对照组与暴露组选择恰当;混杂因素和其他各种偏倚的考虑和排除;有害效应的特异性;观察人群样本应足够大,观察时间应超过潜伏期。然而,由于流行病学研究本身的一些局限性,使其资料在健康危险度评价中的实际应用受到一定限制。首先，流行病学研究很难得到准确的暴露信息，如化学物质的种类和实际浓度等。当混合暴露存在时，很难从中确定原因物质。其次，由于流行病学研究一般需要在疾病发病率与对照或本底水平相比有2倍以上的增加时，才能进行统计学分析，一些发病率很低的疾病常需大样本的人群调查，难度和花费均较大。而毒理学研究可在人为严格控制下进行暴露和健康效应的测定，其研究资料是危险度评价的重要来源。在进行毒理学研究时，应注意其暴露途径要尽可能地与人群实际的暴露方式一致。此外，还应考虑到所有化学物质在不同剂量时会显示不同靶器官毒性以及在同一剂量时可能产生不同类型的毒效应。用于危害鉴定的毒理学研究所用的程序和方法应遵照公认的程序、指南或毒理学原则。我国2008年发布的《环境影响评价技术导则（人体健康）》（征求意见稿）中将综合风险信息系统（IRIS）数据库作为主要参考资料，另外《建设用地土壤污染风险评估技术导则》（HJ25.3—2019）也公布了部分污染物毒性参数资料。一般来说，国际权威机构对致癌性已做出评价的化合物，可直接应用其结果。IARC已列为Ⅰ类、ⅡA类和ⅡB类的化合物，则不必进行危害鉴定。若被评价的化学物在一定的暴露条件下不会产生健康危害，则其评价工作就此终止。否则，应按评价程序继续逐步进行。

（2）剂量－反应关系的评定

剂量－反应关系评定（Dose-Response Assessment）是环境化学物暴露与健康不良效应之间的定量评价，是健康危险度评价的核心。通常通过人群研究或动物实验的资料，确定适用于人的剂量－反应曲线，并由此计算出评估危险人群在某种暴露剂量下危险度的基准值。有阈值化学物的剂量－反应评定一般采用NOAEL法或基准剂量（Benchmark Dose，BMD）法推导出参考剂量或可接受的日摄入量，而无阈值化学物的剂量－反应评定的关键是通过一些数学模型外推低剂量范围内的剂量－反应关系，并由此推算出终生暴露于一个单位剂量的化学物质造成的超额危险度。美国EPA《致癌物危险度评价指南》推荐使用线性外推法进行剂量－反应评定，常用致癌强度系数（Carcinogenic Potency Factor，CPF）作为致癌物危险度估计值。

（3）暴露评价

如果没有暴露的话，化学物质即使有毒也不会对人产生危害。因此，人群的暴露评价（Exposure Assessment）是健康危险度评价中的关键步骤。通过暴露评价可以测量或估计人群对某一化学物质暴露的强度、频率和持续时间，也可以预测新型化学物质进入环境后可能造成的暴露水平（剂量）。

暴露剂量分为外暴露剂量和内暴露剂量。当确定外暴露剂量时，首先应通过调查和检测明确暴露特征：有毒物质的理化特性及排放情况、在环境介质中的转移及分布规律、暴露途径、暴露浓度、暴露持续时间等。某种暴露途径的暴露剂量可采用相应途径的环境介质中的测定浓度估计；多种暴露途径的暴露剂量应根据对多种环境介质的测定值计算总暴露剂量。内暴露剂量可通过测定内暴露的生物标志物来确定或根据外暴露剂量推算（内暴露剂量＝摄入量 × 吸收率）。内暴露剂量比外暴露剂量更能反映人体暴露的真实性，提供更为科学的基础资料。暴露人群的特征包括人群的年龄、性别、职业、易感性等情况。

（4）危险度特征分析

危险度特征分析（Risk Characterization）是健康危险度评价的最后步骤。它通过综合暴露评价和剂量－反应关系评定的结果，分析判断人群发生某种危害的可能性大小，并对其可信程度或不确定性加以阐述，最终以正规的文件形式提供给危险管理人员，作为管理决策的依据。

对有阈值化学物，把参考剂量相对应的可接受危险度定为 10^{-6}（社会公认为公众可接受的不良健康效应的概率，可因条件的变更而改变，波动为 10^{-6}~ 10^{-3} 或 10^{-7}~ 10^{-4} 之间）。可计算出：人群终生超额危险度；人群年超额危险度；人群年超额病例数。

对无阈值化学物可算出：人群终生患癌超额危险度；人均患癌年超额危险度；人群超额患癌病例数。

4.1.6　多选指标和多项效应观察的方法

（1）多选指标

一般来说，一种环境暴露作用于人体是可以引起多种健康效应的。例如镉的肾毒性效应是肾功能不全，由肾小管受损引起，主要表现为重吸收障碍，尿液中出现异常量的钙、低分子蛋白、总蛋白、葡萄糖等，这4种尿液成分都是可以测定的，但所有这些生化指标都是非特异性的。

一般来说，早期的、无症状的亚临床效应指标大多是非特异性的。任何一项非特异指标的观测值的异常，都不能排除混杂因素的影响。采用单项指标观察效应，其结果可信性较低，若全部非特异性指标同时被测定，混杂因素的影响就被限制，因为各种混杂因素同时存在的概率是极小的。例如与上述 4 项生化指标有关的混杂因素是高钙饮食、老年性低分子蛋白尿、肾炎、糖尿病。一个人兼备这些因素的可能性是很小的。采用多选指标（或指标组合）来识别因素的效应，将无异于把非特异性的观察指标特异化，增加观察结果的可信度。

多选指标的运用，对于个体与群体的意义不同。多选指标用于个体，具有诊断学意义。要求标准齐全，才能诊断病例。多选指标用于群体，具有筛检的意义，在多项指标中，必有至少一项是最灵敏的效应指示物，反映群体受损情况（群体效应）。判断群体效应与诊断个体患病对于效应指标的要求存在区别。后者要求多项指标皆属异常且齐全，而前者仅根据一项最灵敏的观测指标异常即可做出相应判断，并不强调全部效应指标一律异常。例如在《环境镉污染健康危害区判定标准》（GB/T 17221—1998）中，肾功能损伤的观测指标有尿镉、尿 NAG 酶和尿 β– 微球蛋白。在个体诊断时必须 3 项指标均超标，才能确定为早期健康危害者，列为观察对象；群体效应判断用 3 项中的 2 项即可。若出现多项指标的群体观测值异常，满足齐全性要求，则其意义更大，它反映了群体受损的程度。

效应指标谱是环境流行病学调查中，观察环境因素暴露和健康效应的方法和指标的清单。在实施环境流行病学调查前，应通过文献资料调研和掌握的知识进行周密设计，保证调查工作顺利实施。多选指标应与体负荷指标联合使用。有害物质的体内负荷异常是产生不良效应的基础，而负荷异常是必须满足的条件。

同时还应从多个角度来选用间接指标，如污染物的负荷量梯度、出生缺陷发生率、儿童生长发育、体能、免疫等指标，研究其暴露 – 效应关系，以说明是否存在因果关系。

（2）多项效应观察

多项效应观察是一种探讨环境污染和健康效应的方法。满足下列情况之一可用这种方法：

①特定污染物已知，但其作用于人群会引起何种效应尚不明确。例如，低浓度的氨基甲酸酯类农药污染对人群健康状况的影响。

②环境污染状况已知，但特定污染物未知，其作用于人群引起机体效应未知。例如石油工业废水灌溉农田、工业区排放废气污染大气，环境中污染物众多，特定污染物一时无法查明。

这种情况下的效应研究没有明确的目标。唯一的假设是环境污染已经产生了某种效应，应采用流行病学的方法研究，且研究方案应是多目标、多效应的观察。其结果可能导致两种类型的结论：

①发现某种特异的效应，推论与某种特异污染物有关。例如我国沈抚灌区（石油工业废水灌溉农田）内胃癌高发，可能与废水中的多环芳烃有关。

②从多个侧面观察到某种或多种污染物与健康状况的恶化存在相关性。例如按湖北天门市 17 个区历年化学农药销售量依次排序，得化学农药负荷量梯度。考察了各区的早产儿死亡率、死胎发生率、传染病发病率、肝脏肿大、免疫水平等几个方面的情况。经统计分析，发现均呈暴露 – 效应关系。

4.1.7　有害结局路径

从历史上看，许多化学物质毒效应的预测在很大程度上依赖于对动物试验的研究，包括人类（主要使用啮齿动物和兔子）和生态（鱼类、两栖动物和鸟类）风险评估。尽管动物试验本质上能够捕捉复杂的生物过程，并且通常能够直接观察不良影响，但人们普遍认为，用计算机［如定量结构 – 活性关系（QSAR）模型、结构警报］、化学（如受体结合试验）、体外（如干细胞试验）和非保护分类群或生命阶段的体内试验（如鱼胚胎试验）代替动物试验是 21 世纪毒性评估的优先事项。有害结局路径（Adverse Outcome Pathway，AOP）框架为开发新的非动物试验方法奠定了基础，还为现有检测的机制信息提供了生物学背景。然而，即使在单一的化学物质暴露情景中，单一的有害结局路径也可能无法捕捉所有导致任何相关毒性效应的事件。

为了满足当今大量化学物质的使用需求，21 世纪已经出现了向使用高通量毒性信息的转变。需要评估越来越多的具有更高资源效率和减少动物使用的化学物质，这需要转向预测毒理学，以及有利于监管评估的数据和信息管理计划。

美国国家科学院于 2007 年发布的具有里程碑意义的报告《21 世纪的毒性测试：愿景和战略》（TT21C）指出，对暴露人群的未来风险评估应基于路径扰动和计算系统生物学模型的知识。根据这一建议，AOP 被开发并定义为"一系列事件，始于应激源与生物体内生物分子的初始相互作用，导致生物体内的扰动，可通过一系列依赖的中间关键事件进行，最终导致不良后果"。

AOP 分析针对特定评估问题，灵活运用一切手段，以化学物与已知明确的分子事件为起始，逐步涉及生物相关的亚细胞、细胞、器官、机体以及群体层面所导致的不良结局，以此作为不同毒性事件终点，并评价这些事件终点之间的相互关系及过程。AOP 主要包括分子起始事件（Molecular Initiating Event, MIE）、关键事件（Key Events, KEs）以及有害结局（Adverse Outcome, AO）3 种模块，这些模块通过关键事件关系连接。AOP 类似拼图策略耦合并分析整个毒性发生的过程，并强调从分子事件推导至个体及种群水平不同毒性事件的逻辑关联（图 4-1）。针对混合化学物的评估，结合化学物的机制，相互作用所产生的联合效应反映至 AOP 之间会存在复杂交叉，其不确定性同时也会增加。

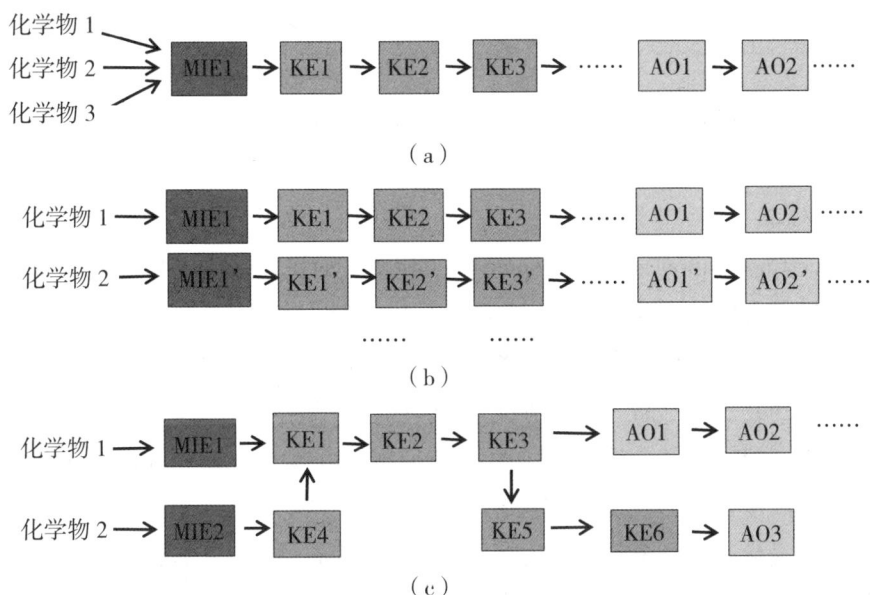

图 4-1 运用 AOP 风险评估一般框架

注：图中（a）为完全相似模式，化学物 1、2、3 的 AOP 模式理论一致。（b）为不完全相似模式。其包含了化学物 1 涉及的 AOP（MIE1，KE1，KE2，KE3…AO1，AO2…），化学物 2 涉及的 AOP（MIE1'，KE1'，KE2'，KE3…AO1'，AO2' …）。（c）为交互模式。化学物 1 有 AOP1（MIE1，KE1，KE2，KE3，AO1，AO2）、AOP2（MIE1，KE1，KE2，KE3，KE5，KE6，AO3），化学物 2 有 AOP1（MIE2，KE4，KE1，KE2，KE3，AO1，AO2）和 AOP2（MIE2，KE4，KE1，KE2，KE3，KE5，KE6，AO3）。

Ankley 等总结了多种化学物通过相似的 MIE 以及效应通路诱导产生相似的 KEs，由此导致风险蓄积的框架，框架提出可针对这些化学物 AOP 分别进行分析来分组。因为有的情况下一个通路中可同时获取几个不同 KEs 相关信息，而有的情况下信息量获取极少，因此着手进行分组需要从当前已有并可类推获取的相关 KEs 信息入手,逐步进行 AOP 分析并确定共同毒性效应机制组(表 4-1)。

表 4-1　针对共同毒性效应机制组混合化学物在不同层面需要考虑的数据信息

效应层面	分子层面	细胞(亚细胞)层面	组织层面	器官层面	机体层面	物种层面
效应类型示例	DNA 及蛋白通过共价键、氢键和电子能量传递与互作机制	酶活性、基因调控、蛋白表达	组织的病变	器官功能改变、退化	癌症与疾病	种群灭绝和失调
划分为具有共同毒性效应机制组的准确性	上述效应层面可获得信息越多,则共同毒性效应机制组确定越精准					
准确性低	⟷		⟷			
准确性中			⟷			
准确性高	⟷					

　　针对 21 世纪毒性评价现状,经济合作与发展组织(Organization for Economic Cooperation and Development,OECD)倡导并启动 AOP 概念框架发展计划,即整合体外实验、体内实验和计算机模型,构建从分子起始事件到关键事件,再到有害结局等不同生物水平的反应事件及事件之间的动态联系,从而为下一步药物及化学品危险评估及毒性防控提供有力证据。

　　借助 AOP 概念,应用自上而下(Top-Down)策略,首先确定顶端可明确的有害结局(毒性),其次逐级阐述较低生物结构层次的关键事件(毒性进程拐点),最后明确分子层面的相互作用,将分子起始事件(毒性始动因素)与毒性表现相联系,从而构建 AOP 框架(图 4-2)。

　　AOP 概念一经提出即引起国内外广泛关注,目前在水体复合污染和化学药物毒理学领域已有初步研究,常规可采用自下而上(Bottom-Up)模式,即从一个已知的分子起始事件开始,到中间的关键事件,再到个体或种群的有害结局的研究方式。对于呈碎片化特征,且难以确定分子起始事件及毒性进程的关键事件的研究,可以灵活采用自上而下策略,即从机体明确的毒性效应出发,向中间低生物结构层次的关键事件研究,并将毒性效应与一个或多个分子起始事件相联系,适用于较为复杂体系的毒性机制模块化研究。随着分子生物学、组学技术、化学生物学研究的不断深入,建立以动态机制为基础的危险度评价将极大减少危险度的不确定因素,亦是进行安全性研究的终极目的之一。

有毒物质	分子起始事件	细胞效应	器官效应	机体效应	种群效应
•化学性质	•受体/配体相结合 •DNA结合 •蛋白质氧化	•基因活化 •蛋白质合成 •信号转导变化	•生理变化 •稳态失衡 •组织功能异常	•死亡 •发育异常 •生殖损伤	•结构变化 •灭绝

自下而上模式 →

← 自上而下策略

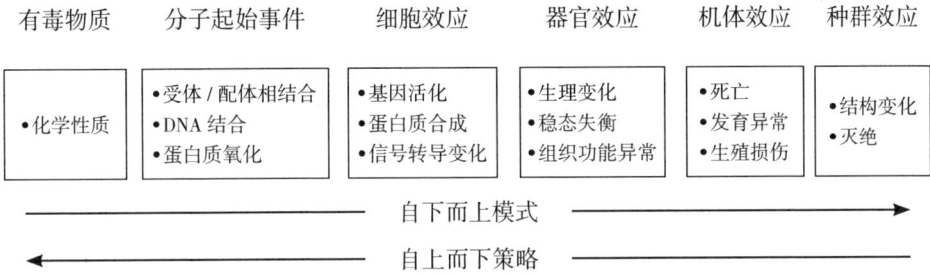

图 4-2 有害结局路径（AOP）示意图

总之，AOP 是 MIE 之后的一系列事件的详细描述，通过一系列跨越不同生物组织水平的中间关键事件，导致个体或种群水平的不良后果。在 AOP 环境中，KEs 有助于定义相关需求或发展，它被定义为生物状态中的一个可观察到的变化，对于向特定目标的进展是必要的。例如，基因突变包括基因、蛋白质和代谢物的表达和/或功能的改变、细胞或组织形态的改变、生理功能障碍等。沿着因果路径到达与风险评估相关的 AO。由于根据定义，关键指标必须是可测量的，因此在 AOP 框架和分析开发之间存在明确的联系，特别是在开发传统生物试验的替代方案方面，传统生物试验侧重于对顶端结果的直接观察。此外，由于理想的描述方式应该是它们可以在其他 AOP 中重复使用，科学界对 AOP 描述的集体发展，可以导致事实上的安全关联的构建，这有可能揭示毒理学过程之间的新联系。

尽管 AOP 可以支持非动物试验方法的发展，但基于这些 AOP 开发的新的精细方法和系统在用于监管目的之前需要验证，这通常涉及动物的使用。然而，AOP 的开发不应被视为额外动物试验的来源，因为 AOP 有助于将研究工作的投资优先用于替代试验的验证，并且基于已验证 AOP 的未来评估较少需要完全验证试验。

AOP 为解析多种化学物联合毒性效应及机制提供了逻辑框架和系统方法学，但仍处于发展初级阶段，具体实施仍建立在单一不同化学物 AOP 丰富完善基础上才能对混合化学物 AOP 进行丰富完善，从而进一步实现分组、机制通路解析、不同效应层面联合效应评价等信息。

在北美洲，美国环境保护署（Environmental Protection Agency，EPA）、美国食品和药品监督管理局（Food and Drug Administration，FDA）、美国毒物和疾病登记署（Agency for Toxic Substances and Disease Registry，ATSDR）以及加

拿大卫生部（Health Canada，HC）、加拿大环境和气候变化部（Environment and Climate Change Canada，ECCC）参与了多种化学品联合暴露评估的联合研发。EPA 在 "2016—2019 年战略研究行动计划" 中提出的针对混合化学物风险评估策略类似 WHO/IPCS 框架，同时详细提供了关于如何筛选和建立共同毒性效应机制组的方法和程序。2017 年，美国国家科学院在《利用 21 世纪科学推动风险评估》报告中提出累积暴露评估及考虑不同信息来源的集成性和综合性。2018 年，ATSDR 发表了《评估复合化学物对健康影响的评估框架》。加拿大环境评估审查办公室发布了《人体及生态环境累积性评估指南》，并于 2017 年提出类似 WHO/IPSC 框架的阶层式综合评估框架并讨论了杀虫剂复合使用的累积性风险。

基于 AOP 研究混合化学物联合风险，首先应明确开展该项联合毒性效应评估的目标和宗旨，即上文提到的基于毒性终点、生理机制、化学物分类、化学物来源（包括使用途径）、人群评估或疾病效应的评估，这是理解、表达并分析联合毒效的基础，同时也是最终实施风险管控的根本。因为 AOP 虽然极大简化了化学物全面系统的风险评估流程，但从 MIE 挖掘生物不同组织结构层次（如细胞、器官、机体、群体）所出现与有害结局终点的相关性依然还是相当冗余和复杂。

4.1.8 孟德尔随机化法

传统观察性流行病学研究在发现疾病病因以及因果关系推断的过程中遇到诸多挑战，比如，反向因果关联、潜在混杂因素、微效暴露因素以及多重检验等均会对因果关系推断造成影响，当研究者希望通过随机对照试验研究（Randomized Controlled Trial，RCT）设计，以寻找暴露因素 X 与疾病结局 Y 之间的直接关联证据时，但许多设计有时又因人类医学伦理和诸多试验设计的局限而难以实践。同时由于偏倚的存在和无法辨清因果时序，观察性流行病学的研究结果常表现为不一致，且不能被试验研究所证实，因此可能受到质疑。

1986 年，Katan 首先在其一项遗传学研究中描述了这样的思想：由于配子形成时，遵循 "亲代等位基因随机分配给子代" 的孟德尔遗传规律，不同基因型决定不同的中间表型，若该表型代表个体的某暴露特征，用基因型和疾病的关联效应即可模拟暴露因素对疾病的作用，由于等位基因在配子形成时遵循随机分配原则，基因型 – 疾病的效应估计值不会被传统流行病学研究中的混杂因素和反向因果关联所歪曲。自此提出了孟德尔随机化的概念。

孟德尔随机化（Mendelian Randomization，MR）设计通过引入计量经济学中的工具变量（Instrumental Variable，IV）的概念，将基因变异作为待研究暴露因素的工具变量，为解决上述问题提供了有效的途径。

工具变量的应用为流行病学家们的诸多研究提供了更有效、更准确的路径。工具变量一直被广泛应用于计量经济学当中，如回归估计方程、结构方程模型以及两阶段最小二乘法模型，最早被 Permutt 和 Hebel 应用于医学领域，两人在 1989 年研究母亲吸烟与新生儿低出生体重的关联时使用了工具变量，随后 Greenland 对工具变量在流行病学混杂因素控制方面的应用进行了详细阐述：工具变量 Z 与混杂因素 U 无关联；工具变量 Z 与暴露因素 X 有关联；工具变量 Z 与结局变量 Y 无关联，Z 只能通过变量 X 与结局 Y 发生关联。则：关联 ZY= 关联 ZX × 关联 XY。

上述方程的使用必须满足以下条件：变量 X 与结局 Y 之间的关联一定会受到潜在混杂因素 U 的影响，但工具变量 Z 与变量 X 以及工具变量 Z 与结局 Y 之间无潜在混杂因素影响；变量 X 与结局 Y 之间的关联无法直接观察获得，因为无法直接测量变量 X，但是 Z 是可测量的，并且 Z 与 X 直接的关联是已知的或者可测量的，并独立于其他因素而存在。这些对于工具变量的限制条件也使得正确选择合适的工具变量成为关联研究的难点。

孟德尔随机化法是一种基于孟德尔随机分配定律进行流行病学研究设计和分析的研究方法，可在观察性研究（包括横断面研究、前瞻性研究、队列研究和病例 – 对照研究等）的非实验性数据中，对某暴露因素与疾病之间的因果关系进行验证，从而在众多与疾病相关的因素中，将对疾病发生发展有真实效应的因素，以及仅仅与疾病的发生或严重程度存在相关性的因素区别开来。由于基因与疾病结局的关联不会受到出生后的环境、社会经济地位行为因素等常见混杂因素的干扰，且因果时序合理，因此基因作为工具变量进行疾病关联研究使得效应估计值更接近真实情况，推导出该暴露因素对疾病的真实效应值，从而确定因果关系。

基础研究证实，疾病发生均可追溯到基因水平，即基因型决定中间表型差异，在发病机制中起作用，该中间表型可直接作为待研究的环境暴露因素，或间接代表某暴露因素。由于配子形成时等位基因随机分配到子代配子中（孟德尔独立分配定律），所以基因和疾病之间的关联不会受到出生后的环境、社会经济地位、行为因素等常见混杂因素的干扰，且因果时序合理，使效应估计值更接近真实情况。例如在饮酒量和冠心病的关系研究中，社会经济地位与饮酒量多少、冠心病发生均存在相关性，在传统的流行病学研究中是一个混杂因素，但是由于采用孟德尔随机化分组，社会经济地位与基因型并不相关，所以不会对基因和疾病之间的关联起到混杂作用。

近年来，随着 MR 研究的发展，对于儿童肥胖的危险因素有了进一步认识。Richmond 等通过研究 4296 名 11 岁儿童的 BMI、活动水平和相关基因型数据，发现儿童肥胖与身体锻炼存在双向的因果关系，肥胖的增加导致儿童体力活动的减少，较低的体力活动也导致肥胖的增加；Eric 等整合 4000 多个父母及其后代组成的队列的相关遗传数据，通过 MR 分析进行因果推断，发现孕妇高血糖可能是后代儿童肥胖的重要危险因素；Censin 等通过 EEG 数据库筛选了与儿童肥胖相关的 SNP，并探究其与 I 型糖尿病的关联。TANG 等基于两样本孟德尔随机化模型，对 41 个细胞因子以及全身和下肢深静脉血栓的 GWAS 统计结果数据进行了系统的因果效应评估，发现了白细胞介素 12p70 对深静脉血栓具有显著的促进作用。

场地土壤生态环境对人体健康损害的因果关系容易受到多种混杂因素的影响，致使精确表型样本难以采集，导致统计学效力不足，因果关系推断不准确。此外，场地土壤各生态环境间也可能存在相互影响的因素，在分析场地土壤生态环境对人体健康损害的因果关系时，很难完全排除上述提到的干扰因素。由于传统的观察性研究很难排除干扰因素及反向因果关联的影响，因此可以采用孟德尔随机化法分析明确场地土壤生态环境与人体健康损害的因果关系。通过选择合适的"基因变异"作为工具变量，代替无法直接进行测量的待研究的暴露因素，通过测量分析遗传变异与暴露因素、遗传变异与疾病结局之间的关联，进而推断暴露因素与疾病结局之间的关联。孟德尔随机化设计最重要的优点在于其非遗传变异是可以直接准确测量的，并且不受到外界环境、社会行为等因素的影响，属于长期而稳定的暴露因素。孟德尔随机化设计被称为是"最自然"的随机对照试验研究设计，它不用像传统随机对照试验研究设计那样无法严格控制样本的代表性，也不用设定排除标准，即可选择具有代表性的样本，并且可以随机分配到各个观察组，最大限度地降低偏倚。

在目前孟德尔随机化分析研究中，作为工具变量的基因部分可以是某一个基因，某一个 SNP 位点，也可以是结合多个 SNP 位点对某一暴露因素的效应进行叠加，构建出的遗传风险评分（Genetic Risk Score，GRS）。总体来讲，合适的基因或 SNP 来源大致有以下几种：一种是基于疾病的发病机制，从疾病病理生理学通路涉及的关键基因中获得；一种是通过国内外的 GWAS 研究或大型病例 – 对照研究获得；此外，也可将上述两种途径获得的 SNP 位点结合起来，进行 GRS 的构建。

按照基因型不同选择研究对象并进行分组，比较组间疾病结局和中间表型的差异。根据基因型 – 中间表型、基因型 – 疾病的关联效应指标，可以推导和 / 或预测中间表型（代表某环境暴露因素）和疾病关系的关联指标，如 OR、RR 值。假设某个基因的两种基因型 GG（暴露组）、gg（对照组）与某种待研究的疾病以及中间表型均存在关联，那么分别比较两组疾病结局和中间表型之间的差异。如果两组差异均有统计学意义，接下来进行整合推论，得出某种暴露因素是疾病的危险因素或保护因素的结论；如果其中至少有一组差异没有统计学意义，则需要考虑如下几个问题：

①样本量较小，效应估计值也通常较小，统计效能比较低。

②可能存在混杂因素的影响，如连锁不平衡、基因 – 环境交互作用、人群分层等。

③基因多效性（Pleiotropy）的影响，即基因功能复杂，存在未知的代谢通路造成混杂。

④基因网络中的代偿机制（Canalization and Developmental Compensation）的影响，即基因变异的同时，环境因素或发育过程中机体自身存在复杂的相互调节作用在一定程度上会影响基因变异所导致的改变。虽然发生了基因变异，但表型可能没有发生显著的变化，从而使孟德尔随机化设计不能起到模拟的作用，因此会产生偏性结果。

⑤基因型 – 疾病的联系不可靠。

⑥所选基因变异的人群发生率低，在此研究中不适用。

因此，应用孟德尔随机化法时应注意：选择同质人群，即应符合孟德尔同质遗传的 Hardy–Weinberg 定律；在阅读大量文献的基础上对基因 – 暴露因素、基因 – 疾病的关系有详细的了解与认识；纳入研究的基因型要在人群中具有一定的变异率，使样本量不宜过小；明确基因功能，基因－基因、基因－环境交互作用，尽量排除和控制基因多效性和连锁不平衡等对效应估计的影响。

4.2　交互作用的分析

4.2.1　概念

在现代复杂的病因关系中，特别要关注的是交互作用。流行病学对交互作用的理解是建立在充分病因－组分病因模型基础之上的，认为充分病因的共同参与是交互作用的生物学基础。在此概念指导下的交互作用的识别与测量，应采用相加性模型。即如果两因素联合作用等于两因素单独作用的和，则表示两因素没有交互作用；如果大于它们的和，则表示有协同作用；如果小于它们的和，则表示有拮抗作用。然而，目前常用的统计模型和统计软件，对交互作用的判别和分析都是建立在相乘模型的基础之上，其结果有时无法解释。因此，在做交互作用分析时，要谨慎选择模型和解释结果。

在环境流行病学研究中，交互作用（Interaction）是关于多危险因素分析的常用术语。MacMahon 定义交互作用：当两个或多个危险因素存在时，疾病的发生率不同于根据其单独作用所估计的发病率。一般认为，当两个或两个以上的因素共同作用于某一事件，其效应明显不同于该两个或两个以上因素单独作用时的乘积或加和时，称这些因素间存在交互作用。Rothman 和 Greenland 描述了 3 种交互作用：统计学交互作用、生物学交互作用和公共卫生学交互作用。

在环境病因学中，交互作用是指与所研究的环境暴露因素和健康损害都有联系的外部因素，它的存在使得环境暴露因素和健康损害之间的效应发生真实性改变。

4.2.2　分析方法

由于环境污染和健康损害的因果关系影响因素多，存在许多非特异性和不确定性，一些环境污染致健康损害的病因是非常复杂的。并且，环境相关性疾病普遍存在环境－基因交互作用，借助现今先进的分子生物学技术，监测和识别大量的环境相关性疾病候选基因已非难事。但是在此基础上如何正确评价复杂性病因模式中多个环境－环境因素间、基因－环境因素间的交互作用，合理剖析其病因模式，是摆在环境流行病学学者面前的一大难题。因此，正确地分析基因－基因（环境）的交互作用对于复杂疾病的病因探索或寻找易感基因有重要意义。目前，对于环境污染和健康损害复杂性病因研究中的交互作用分析，主要采用叉生分析、Logistic 回归、多因子降维法等。

（1）叉生分析

在统计学上，Ottman 将基因 – 环境的交互作用定义为环境暴露因素对含有不同基因型人群的疾病影响不同，或者基因型对不同环境暴露条件下人群的疾病影响不同。叉生分析就是根据这一定义来分析基因 – 环境交互作用的基本流行病学单元，它主要采用 2×4 叉生表分析单个基因和单个环境因素的交互作用。叉生分析可适用于传统的病例对照研究、病例同胞对照研究、病例父母对照研究，也可用于单纯病例研究、不完全病例对照研究和队列研究设计的资料。

① 2×4 叉生表。

在叉生分析中，基因和环境因素均为二分类变量（表 4–2），基因型和环境暴露因素可能的 4 种疾病风险组合可以表示为：R11（同时暴露于环境因素和遗传因素对疾病的效应），R10（仅暴露于环境因素对疾病的效应），R01（仅暴露于遗传因素对疾病的效应），R00（遗传和环境因素均未暴露时的疾病风险）。R00 作为 R11、R10、R01 共同的对照组，其 OR 值 =1。交互作用的存在与否取决于相加或相乘模型的选择。若所研究的交互作用为相加交互作用，当 R11–R01 ≠ R10–R00 时认为存在交互作用；若所研究的交互作用为相乘交互作用，则当 R11/R01 ≠ R10/R00 时考虑存在交互作用。

表 4–2　基因（G）与环境（E）因素作用的 2×4 叉生表

G	E	病例	对照	OR 值	意义
+	+	a	b	R11=ah/bg	G、E 联合作用效应
+	−	c	d	R01=ch/dg	G 单独作用效应
−	+	e	f	R10=eh/fg	E 单独作用效应
−	−	g	h	R00=1	共同对照

在表 4–2 的基础上还可以计算单纯病例组、单纯对照组中的 OR 值，对环境、遗传因素分别分层后的疾病风险信息可从表 4–3 中获得。可以通过公式计算得到，分层之后各层的 OR 值之比等于基于相乘模型时的 OR 值，单纯病例

组与单纯对照组的 OR 值之比也等于基于相乘模型时的 OR 值。

表 4-3　分层情况下因素作用的分析

G	E +		E —	
	病例	对照	病例	对照
+	a	b	c	d
—	e	f	g	h

分层	OR 值	意义
单纯病例组	ag/ce	基于相乘模型的交互作用
单纯对照组	bh/df	人群中暴露因素相互独立
相乘模型	R11（R01×R10）=adgf/bceh	基于存在相乘交互作用
相加模型	R11 —（R01+R10 — 1）	基于存在相加交互作用
遗传因素分层 1	ad/bc	暴露于 G 时，E 的作用
遗传因素分层 2	eh/fg	未暴露于 G 时，E 的作用
环境因素分层 1	af/be	暴露于 E 时，G 的作用
环境因素分层 2	ch/dg	未暴露于 E 时，G 的作用

②交互作用评价指标。

Rothman 等提出了相加模型下交互作用的定量评价指标，包括交互作用指数（Synergy Index，SI）、交互作用超额相对危险度（Relative Excess Risk of Interaction，RERI）、交互作用归因比（Attributable Proportion of Interaction，AP）和纯交互作用归因比（AP*）。计算公式如下：

$$SI =（R11-1）/[（R0-1）+（R10-1）]$$

当 SI =1 时，说明 G、E 间无相加交互作用，相互独立；当 SI＞1 时，G、E 间具有正相加交互作用，同时存在时效应增强；当 SI＜1 时，G、E 间具有负相加交互作用，同时存在时效应减低。效应指数既可用于交互作用的定性分析，又可用于交互作用的定量测量。绝对值越大，说明因素间交互作用越强。

$$RERI = R11-（R01+R10-1）$$

RERI 表示两因素联合作用与其单独作用之和的差值，用于描述归因于交互作用的危险度的大小。RERI 的绝对值越大，说明因素间的交互作用越强；如果没有相加模型的交互作用，RERI=0。

$$AP = [R11-（R01+R10-1）]/R11$$

AP 表示当 G、E 同时存在时，在疾病的总危险性中可归因于其交互作用的比例。AP 绝对值越大，说明因素间的交互作用越强。

$$AP* = [R11-（R01+R10-1）]/（R11-1）$$

AP* 表示由 G、E 引起的疾病效应中归因于两者的交互作用所占的比例。

交互作用为相乘模型时也可以用交互作用指数进行评价。

$$SI = R11/（R01 \times R10）$$

当 SI=1 时，表明 G、E 间无相乘交互作用；当 SI > 1 时，表示 G、E 间存在正相乘交互作用；当 SI < I 时，表示 G、E 间存在负相乘交互作用。

用叉生表计算直观，不仅能分析基因和环境因素各自的主效应，还能计算相加或相乘模型下交互作用的值。由于使用了相同的参考组，可以对遗传、环境以及两者之间交互作用的疾病危险性进行比较。对于病例对照研究，不仅可以计算单纯病例和单纯对照下的 OR 值，还可以分层估计各暴露因素的疾病相对危险度。如果对照的选择具有良好的代表性，单纯对照中各暴露因素的 OR 值有助于评估人群中遗传和环境因素的分布是否独立。但叉生分析并不适用于所有的关联研究，只能分析单个遗传和单个环境因素的交互作用，并且要求两者均为二分类变量，当研究多个因素或者暴露和结局变量为等级、连续型变量（剂量反应）时，叉生分析则无法应用。此外，当研究多个因素时，各因素之间的交互作用作为极为复杂，不能简单地描述为相加或相乘模型。

（2）Logistic 回归

Logistic 回归是分析分类预测变量与离散性结果之间关系的常用模型，是一种参数估计方法。Logistic 回归中交互项回归系数的估计是以存在相乘交互作用为基础，在分析交互作用时引入一个相乘项进入回归模型，通过相乘项回归系数的估计来判断交互作用是否有意义及其作用大小。适用于病例对照研究、横断面研究、封闭队列研究和临床研究的资料，当变量间存在多重共线性问题时，不宜用 Logistic 回归。

通常 Logistic 回归用于分析相乘模型下的交互作用，仅当自变量为二分类变量时可估计相加交互作用，Logistic 回归对连续性自变量相加交互作用估计的可行性目前研究还较少。Knol 等采用模拟数据及临床实际例子证明了 Logistic 回归在分析一个二分类变量、一个连续性变量以及两个连续性变量相加交互作用时的可行性，并且运用 SI、RERI 和 AP 定量评价交互作用。由于研究数据来源和样本量的局限性，Logistic 回归是否可以分析连续性变量的相加交互作用还需进一步研究。

① Logistic 回归模型分析交互作用。

Logistic 回归模型为

$$\text{Logit}（\text{II}）=\beta_0+\beta_1 G+\beta_2 E+\beta_3 G \times E$$

其中，β_0 为常数项，β_1、β_2、β_3 为回归系数，$OR_G=\exp（\beta_1）$、$OR_E=\exp（\beta_2）$、$OR_{G \times E}=\exp（\beta_3）$ 分别为遗传因素、环境因素及交互作用项的调整优势比，反映了各因素对疾病发生的作用。$\beta_3=0$ 时，$OR_{G \times E}=1$，表明 G、E 间无交互作用；$\beta_3 > 1$，$OR_{G \times E} > 1$，表明 G、E 间存在正交互作用；$\beta_3 < 1$，$OR_{G \times E} < 1$，表明 G、E 间存在负交互作用。

② Logistic 回归模型的扩展应用。

Logistic 回归不仅能够估计基因 – 基因（环境）的交互作用，还能估计各自的主效应。偏回归系数与校正优势比 OR 呈指数函数关系，其流行病学意义容易解释。Logistic 回归虽有着其独有的优势，但仍存在一定的局限性。模型估计的参数个数有限，当向模型中引入主效应项时，交互项的个数可能会呈现指数增长趋势，这时 Logistic 回归就不适用于处理这种含有多个因素的交互项。Hosmer 等建议当模型中纳入 P 个参数时，$P+1 \leqslant \min（N1，N0）/10$ 时为最好，其中 N1 为出现阳性结果的例数，N0 为阴性结果出现的例数。此外，Logistic 回归对维度较敏感，由于高维空间中数据稀疏或存在例数为 0 的交互项，用 Logistic 回归进行参数估计时标准误较大，假阳性率较高，难以检测真正有意义的交互作用。在候选基因位点较多，样本量相对较小的情况下，容易导致模型的过度拟合，随着交互作用阶数的增多，这种局限性就更显著。

由于 Logistic 回归在分析高维数据方面的局限性，Park 等提出了用惩罚 Logistic 回归来分析基因 – 基因（环境）的交互作用。惩罚 Logistic 回归是对 Logistic 回归模型进行简单的修正，将修正系数 λ 与 Logistic 回归模型相结合，进行二次方调整。Logistic 回归模型的二项分布对数似然函数：

$$L（\beta_0，\beta）= \sum_{i=1}^{n}[Y_i \ln \pi_i + (1-Y_i)\ln(1-\pi_i)]$$

惩罚 Logistic 回归模型的函数：

$$\min_\beta L（\beta）=（y-x\beta）'（y-x\beta）+ \lambda\|\beta\|_2^2$$

其中：λ 为正常数，$\lambda\|\beta\|_2^2$ 为二次方惩罚项。

运用牛顿迭代和岭回归对回归系数进行估计，λ 选择使似然函数最大的值进行二次方惩罚后，采用哑变量对研究因素进行编码，变量间的多重共线性不会降低模型的拟合度，同时解除了样本量大小对模型中因素数目的限制。另外，应用二次方惩罚解决了因样本量较小或考虑高阶交互作用存在时高维数据稀疏以及空格子的出现导致检验效能降低的问题，维持了模型参数估计的稳定性。

（3）多因子降维法

多因子降维法（Multifactor Dimensionality Reduction，MDR）将多个因子看作一个多因子组合，其中的因子指的是研究的量（基因型或环境因素），维指的是研究的多因子组合中的因子数（如基因型数目）。MDR 的主要思想是将多位点基因型之间的基因－基因或基因－环境的交互作用转换成一个具有两水平的新变量（高危、低危），从而将高维的结构降低到一维，使高阶交互作用的分析更易实现。MDR 方法分析的自变量为独立分类变量，例如基因型和环境因素，结局变量为二分类变量，例如病例或对照（患病或未患病），治疗的有效或无效。MDR 是一种非参数统计方法，无须指定特定的遗传模式，适用于平衡的病例对照研究和不一致同胞对研究。

MDR 分析交互作用一般包括以下几个步骤：

①随机将研究数据分为 K 等份，以便进行 K 重交叉验证。通常将数据分为 10 等份，9 份作为训练数据，构建 MDR 模型，另外的 1 份为检验数据，进行交叉验证。

②从一系列基因或分类环境因素中选择 N 个需研究的因子，N 个研究因子即可代表 N 个空间维度。

③在 N 维列联表中，根据每个因子不同的观察值水平，列出 N 个因子的多水平组合，然后分别计数每一单元格内的病例、对照例数。例如有 N 个 SNP，每个有 m 个基因型，则有 Nm 种基因型组合。

④对 N 维列联表中的每一单元格进行分类标记，若病例对照数之比大于或等于某一阈值，则标记为高危，否则为低危。如果某一单元格中只有病例无对照则标记为高危，反之则为低危。这样所有的基因型组合都能被分成高危和低危两个水平，从而有效地达到 N 维结构降低到单维两水平的目的。

⑤依次列出各因子组合的分类误差，选出错分误差最小的模型。

⑥通过检测样本的 10 折交叉验证来估计模型的预测误差。模型由 9/10 的训练样本拟合，通过 1/10 的检验样本来估计预测误差。为了减少数据划分造成的偶然误差，10 折交叉验证重复进行 10 次，取 10 次的平均误差作为预测误差的无偏估计。最后用预测误差的平均值筛选出最有可能存在交互作用的模型。

4.3　混杂因素的控制

4.3.1　混杂因素

混杂偏倚（Confounding Bias）是指暴露因素与疾病发生的关联程度受到其他与所研究的暴露因素和疾病都有联系的其他外部因素的歪曲或干扰，导致混杂产生的因素称为混杂因素，它是疾病的危险或保护因素，并且与研究的暴露因素存在相关。混杂偏倚往往可以导致继发关联（Secondary Association）的产生，即怀疑的病因暴露与疾病并不存在因果关系，而是由于两者存在共同的其他原因。评价混杂偏倚存在的原则：比较混杂因素调控前后的暴露因素效应估计值，如果存在有意义的差异，则认为产生了混杂偏倚。现代流行病学病因研究复杂性的一个重要方面就是混杂的复杂性，混杂是影响流行病学研究结果真实性的重要障碍。混杂因素繁多，与复杂的病因网中的各因素存在复杂的关系。在某个因果关系的众多混杂因素中，有些了解，有些不了解；有些能测量，有些难以测量；有些收集了相关信息，有些没有收集。由于这些复杂的情况，控制混杂因素成为流行病学研究的重大挑战。

4.3.2　控制方法

在环境污染健康损害因果关系的评价中，总是存在许多的混杂因素，需要进行排除。比如在环境污染导致的人群健康损害中，要排除自身已有基础病变、遗传性疾病、生物地球化学性疾病（即地方病）、职业病等因素。

总结既往流行病学家对混杂的评价准则，大致可以归为两种：一种是由 Boivin 和 Wacholder 提出的"混杂因素的可压缩准则"，另一种是由 Miettinen 和 Cook 提出的"混杂因素可比较准则"。可压缩的定义是，某外部因素在各水平上的关联测度与边缘上的一致，如不一致则该外部因素为混杂因素。假定 E 为某暴露因素，D 为某疾病，C 为外部变量。C 可为二分变量，也可以为多值变量，如 C 为男、女，或为年龄，以 C 分层可有 C_1，C_2，…，C_i，…，C_n。在不分层时，所得到的危险度测量值为 CRR。如果进行分层分析，则可以得到各层的危险度测量值，RR_1，RR_2，…，RR_i，…，RR_n。可压缩准则是指，如果 $RR_i=CRR$，表明 C 是可以被压缩的，C 不是混杂因素，否则 C 是混杂因素。可比较准则：该外部因素应是一个独立的危险因素；在非暴露总体的分布与在暴露总体的分布不同。到目前为止，混杂因素的可比较准则被广泛认同，只是在其基础上增加了一条"该因素不是病因链的中间环节"。

外部变量 C 是混杂因素的 3 个必要条件：C 与暴露变量彼此独立；关于 C 的风险差是不可压缩的；关于 C 的相对危险度是不可压缩的。前者是可比较准则，后两者是可压缩准则。如果 C 是一个混杂因素，那么它必须同时满足以上 3 个条件。

目前控制、排除混杂因素主要的方法有以下几种：

（1）匹配或配比

设立对照，即要求对照区域在某些因素上与环境污染区域相似或一致。"某些因素"是除了环境污染因素以外的其他因素，如气候、地形地貌、风俗习惯、经济水平等。

（2）限制

严格按规定的纳入排除标准选择研究对象。

（3）随机化

在现场调查时选取的研究样本应保证代表性。

（4）分层分析

按照某一因素或某一匹配因素进行分层，如受害者的年龄、性别、受害农作物的种类等。

（5）标准化处理

采用统一的标准校正后再做比较，以排除不同区域的内部构成和混杂因素的影响。

（6）同异并用逻辑法

污染区导致某种损害后果，而相似的污染区无此种损害后果；污染区有某种损害后果，而非污染区也有此种损害后果，以上两种情况说明损害后果并非由污染区引起，需进一步甄别。

5　因果关系评价的类型

依据暴露因素、健康效应是否明确，将环境污染健康损害因果关系的评价情况分为暴露明确型，效应明确型，暴露、效应均未明确型等几种类型。其因果关系评价可简单归纳为表5-1。

表5-1　不同类型因果关系评价的比较

	暴露明确型	效应明确型	暴露、效应均未明确型
适用范围	特定环境污染物或暴露明确，应查证效应	人群健康效应已经明确，应查证暴露	环境污染状况已经存在，但特定污染物未知；人群健康效应未知
评价程序	由因及果	由果及因	间接指标综合评价法
评价依据	人群体内污染物负荷增加；存在人群健康效应，且可经动物实验和医学证据；该特定环境暴露对健康效应的贡献率足够大；污染区动物也可出现类似的健康效应	先因后果的时间顺序存在剂量－反应关系，可疑环境暴露产生健康效应的机制符合生物学理论	可疑环境暴露与中间指标（间接指标）之间有暴露－效应关系，间接指标与健康状况的恶化之间存在相关性；排除了主要混杂因素的干扰

5.1　暴露明确型的因果关系评价

5.1.1　适用范围

①特定环境污染物或暴露明确，其健康效应特异。

②特定环境污染物或暴露明确，其作用于人群会引起何种健康效应尚未知晓或以现有的知识水平尚不明确，或至少在实际水平上还未获得可供人群研究的观察手段的情况。例如，低水平拟除虫菊酯类农药污染环境对人群健康状况影响的因果关系评价等。

5.1.2　因果关系的评价

（1）因果关系评价的策略

对于暴露明确且健康效应已知的情况，其因果关系的评价比较简单。主要通过调查、核实环境污染，针对性地研究健康效应，即可评价二者之间清晰的因果关系。

对于暴露明确但健康效应未知的情况，其因果关系具有因子指向（Agent-Oriented）的特点。通常，可以采用由因及果的推断方式进行因果关系的评价。它是一种顺式、正向的推断方式。此类健康效应的调查研究无针对性可言。健康效应可能是一种特异性的效应（临床型）；也可能是一种非特异性的效应（亚临床型），对于非特异性效应，有直接影响的证据和间接影响的证据。此时，可采用两线目标（Two-Line Target）的策略进行研究。

第一线目标（First-Line Target），取得直接证据。所谓直接证据是指直接与毒物作用有关的功能障碍、器官损伤等资料，这些证据只有在相对显著性的基础上才能确定。关于直接影响的证据主要来自动物试验的资料和现场调查的资料。

研究者可查阅大量文献资料，寻找动物试验提示的有关该因素的毒性效应的研究目标，如功能失调、靶器官及其相应的观察指标。虽然高剂量下建立的动物试验模型有时是单因素，外推及人群应当慎重，但应当考虑到暴露人群处于多种因素的影响下降低了有害物质的作用阈值或提高了对有害物质的易感性，较低剂量对试验动物无作用，而可能对其群体中敏感个体发挥作用。

现场调查是对暴露人群的疾病及健康状况的变化进行初步的调查，它往往是研究工作的先行步骤。当地医疗机构对这种变化比较了解，可提供有用的情报；或直接面向群众做询问调查。更准确的情报，可以通过死亡回顾调查，分析死因构成来获取。

通过以上两方面的工作，可以获得一些论证环境暴露与人群健康效应之间的因果关系的证据，从而可以为下一步因果关系的评价奠定基础。

第二线目标（Second-Line Target），取得间接证据。间接证据多是推论性的，环境污染物可通过影响机体的免疫、内分泌等系统而对人群健康产生作用。此外，环境污染物对于人群可能是一种慢性"致弱效应"，增加其他疾病的危险性，如肿瘤、畸胎、畸形等；或使接触者的抵抗力降低而产生一些健康影响，如流产、出生婴儿死亡率、体质减弱的指标增高等。这类现象与被研究的环境暴露之间的关系是根据统计学分析的结果推论出来的，虽然属于间接的证据，但当第一线目标不可能实现时，也能根据这些已有证据论证环境暴露与人群健康效应之间的因果关系。

（2）基本的评价程序

①检测区域内特定环境污染物的负荷量梯度。

②动物实验研究，已发现直接与毒物作用有关的功能障碍、器官损伤等，并揭示该特定环境污染物的相关毒性效应如功能失调、靶器官及其相应的人群观察指标。

③多指标、多效应法观察健康效应，阐述其特异性或是非特异性效应。

④采用两线指标的原则，考察该健康效应的直接或间接影响的证据，如死胎发生率、出生缺陷发生率等指标。

⑤排除其他非环境污染因素的影响，进行因果关系的评价。

（3）主要评价依据

①环境污染状况存在，特定环境污染物已知且明确。

②人群居住地区可检测到污染物，且历史上无该污染物。

③人群居住环境（空气、水、土壤、食物等）中可检出超过国家有关环境标准中规定的污染物限值。

④常住人群体内可检测出超过非污染区人群体内的明确污染物负荷。

⑤常住人群健康出现污染物特异性效应或严重的非特异性效应；而其他非污染区不存在该效应，脱离该污染区，相关症状有所减轻甚至消失。

⑥人群特异性健康效应或严重的非特异性健康效应有直接或间接证据支持。

⑦该污染区动物也出现类似的健康损害。

5.2 效应明确型的因果关系评价

5.2.1 适用范围

主要适用于环境污染状况已知，但特定污染物未知或无法查明，其作用于人群引起的健康效应已经明确查知或容易查知的情况。比如，工业区环境的综合性污染导致明确的健康损害、环境不明原因疾病或健康损害等。

5.2.2 因果关系的评价

该因果关系所研究的健康损害是明确的，具有疾病指向（Disease-Oriented）的特点。通常，可以采用由果求因的推断方式评价因果关系。它是一种反式、逆向的推断方式。由于原因常常是未知的，因此只能从健康损害或疾病本身出发来推断病因，其主要任务是寻找导致健康损害的环境暴露。

　　某环境暴露与健康损害之间的关系，即使病理学、动物实验等证据暂时不足以支持其因果关系，但是根据大量的统计分析，得出某环境暴露与健康损害之间的相关性具有显著性意义，就不能否认两者间的因果关系。具体做法是将与健康损害发生相关的若干因素进行全面的考察，调查各环境暴露与健康损害发生之间的关系，并进行病例对照研究、回顾性研究以及统计学分析，选出关联可能性较大的环境暴露进行综合性的研究和判断。

　　（1）基本评价程序

　　①调查区域内可疑污染源及污染物，确定环境暴露事实。

　　②明确人群健康损害的程度、范围、性质等。

　　③进行病例对照调查或回顾性调查研究。

　　④取得区域内环境暴露与健康效应直接或间接证据。首选可疑的特异性污染物，或者采用多选指标法进行研究。

　　⑤排除其他非环境污染因素的影响，进行因果关系评价。

　　（2）主要评价依据

　　由于环境暴露性质、程度等不甚明确，未知因素众多，容易造成错误的判断。根据现场调查情况和历史资料、主要的临床症状或表现，结合实验室检验结果，并排除相关的混杂因素后进行分析比较与筛选，可以遵循如下几条依据，进行由果及因方式的因果关系评价：

　　①环境污染状况在前、健康损害在后的严格时间顺序。

　　②特定区域内有一定数量的人群具有类似的疾病或健康损害。

　　③主要环境污染物与人群健康损害存在剂量－反应关系。

　　④除该污染物外，其他因素在同样条件下不太可能引起类似的健康损害。

　　⑤该污染物产生健康损害的机制可由生物学理论解释。

5.3　暴露、效应均未明确型的因果关系评价

5.3.1　适用范围

　　适用于环境污染状况已存在，但特定污染物未知，其作用于人群会引起何种效应也未知的情况，例如石油工业废水灌溉农田、工业区排放废气污染大气，

环境污染物众多，但特定污染物一时无法查知，健康效应也未明确。

5.3.2　因果关系的评价

由于环境暴露因素众多，健康效应不甚明确，研究时没有明确目标，唯一的假设是环境污染已经产生了某种健康效应，二者之间有关联，但需要进一步调查以确认具体的因果关系是否存在。其方案必须是多目标、多效应的观察和综合分析。

通常，对于因果均未明确的因果关系推断，可以采用中间指标（Median Indicators）或间接指标（Indirect Indicators）作为连接环境暴露与健康效应之间因果关系的中介指标。换言之，把中间指标作为环境污染健康损害因果关系链的中间环节，从而根据因果关系链进行评价。这一类中间指标（间接指标）主要是一些反映非特异性效应或弱健康效应的指标：某种健康状况恶化的发生率，如死胎发生率、畸胎发生率、出生缺陷率、传染病发生率、呼吸系统疾病（COPD、哮喘等）发生率、超额死亡率等；体质或体能减弱的指标，如流产发生率、出生婴儿死亡率、早产儿死亡率、体检不合格率、缺课率等。

前述内容已经指出，在因果关系链中，只要证明环境污染物排放与环境污染源、环境污染过程之间的因果关系，或者证明环境污染源、环境污染过程与环境暴露之间的因果关系，其中任何一个成立，就可以评价环境污染与健康损害之间的因果关系成立。因此，这一类情况的因果关系评价，一般是将上述两种推断方式（由果及因、由因及果）结合使用，只要能通过统计学方法说明可疑的特异性污染物或主要的环境暴露因素与这些中间指标之间有暴露效应关系，且这些中间指标与健康状况的恶化之间有相关性，再经排除主要混杂因素的干扰之后，就可以说明环境暴露是导致健康损害的原因。

虽然特定环境污染物和健康效应均未知，但是若从多个侧面观察到某种污染物与健康状况的恶化存在相关性，也不能否认因果关系。由于人群中的老弱病残者及孕妇的敏感性相比一般成年人更高，环境暴露作为一种刺激源，较易导致这一类敏感人群出现一些健康状况的恶化。例如，按某地区 17 个区域的历年化学农药销售量依次排列，得到化学农药负荷量梯度。同时考察了各区的早产儿死亡率、死胎发生率、肝脏肿大、免疫水平等几个方面的情况，经统计学分析，发现均存在暴露－效应关系，则从多个侧面说明农药是环境污染导致健康危害的原因。

6 环境污染致健康损害的司法鉴定

生态文明建设已经上升为千年大计，生态环境的保护在我国也已经成为全民共识。习近平总书记指出："只有实行最严格的制度、最严密的法治，才能为生态文明建设提供可靠保障。"近年来重大生态环境损害事件频发，生态环境部报道：2017年，全国共发生突发环境事件302起，其中重大事件1起，较大事件6起；2015年，全国共发生突发环境事件330起，其中重大事件3起，较大事件5起。由此引发的环境公益诉讼案件不断发展，环境损害鉴定评估作为环境公益诉讼案件审理顺利进行的重要保障之一，尤以环境损害司法鉴定在环境公益诉讼案件中发挥着重要的作用。20世纪30—60年代，由于严重的环境污染使众多人群非正常死亡、残废、患病，8起轰动世界的公害事件即马斯河谷烟雾事件，多诺拉烟雾事件，洛杉矶烟雾事件，伦敦烟雾事件，四日市哮喘事件，水俣湾的水俣病事件，富山痛痛病事件，日本九州市、爱知县一带的米糠油事件，这样具有清晰因果关系的案例在现实中是少之又少，多数情形是环境污染与健康的关系并不清楚。鉴于环境污染对健康影响具有暴露水平低、潜伏期长、影响因素多、因果关系确定难等特点，在环境损害司法鉴定中评定因果关系至关重要。本章的司法鉴定基于环境污染场地与人体健康损害因果关系判定技术指南，重点研究司法鉴定中的因果关系判定部分，旨在完善司法鉴定中因果关系判定程序，为司法诉讼提供专业保障。

6.1 概念

环境损害司法鉴定指在诉讼活动中鉴定人运用环境科学的技术或者专门方法，采用监测、检测、现场踏勘、实验模拟或者综合分析等技术方法，对环境污染或者生态破坏诉讼涉及的专门性问题进行鉴别和判断，并提供鉴定意见的活动。

专门性问题：确定污染物的性质、生态环境遭受损害的性质、范围和程度，评定因果关系，评定污染治理与运行成本以及防止损害扩大、修复生态环境的措施和方案等。

6.2 司法鉴定中环境污染和健康损害因果关系判定的具体内容

6.2.1 主体和客体

主体：鉴定人和鉴定机构。按照司法部、生态环境部联合印发的《司法鉴定机构登记管理办法》《司法鉴定人登记管理办法》《环境损害司法鉴定机构登记评审细则》严格筛选规范的鉴定机构及鉴定人。

客体：确定污染物的性质，确定生态环境遭受损害的性质、范围和程度，评定因果关系（环境污染健康损害），评定污染治理与运行成本以及防止损害扩大、修复生态环境的措施和方案等。

6.2.2 目的

环境损害司法鉴定为法院个案审判提供专业性意见，有助于法官鉴别生态环境损害的类型和大小，确定人群健康损害因果关系，确定赔偿金额以及修复方案，是推动生态环境修复、实现损害担责原则的专业保障。

6.2.3 依据

《生态环境损害鉴定评估法律法规与标准汇编》是我国现行与生态环境有关的法律法规与标准的汇集和摘编，是开展生态环境损害鉴定、评估、追责、赔偿与生态环境修复的基本依据。

6.2.4 方法

《生态环境损害鉴定评估技术指南总纲和关键环节》《生态环境损害鉴定评估技术指南》《环境损害致人身伤害司法鉴定技术导则》规定了生态环境损害鉴定评估的一般性原则、程序、内容和方法，适用于因污染环境或破坏环境或破坏生态导致的生态环境损害的鉴定评估，在基线确定、生态环境损害、损害价值量化、恢复方案制订等多方面阐述了具体要求。在具体实践中，应以环境要素类和生态系统类技术标准为主，以总纲和关键环节、基础方法类技术指南为辅开展生态环境损害鉴定评估。基于指南的因果关系判定部分，完善相关的司法鉴定流程，制订完备的环境污染健康损害因果关系评估程序图。

（1）工作方案制订

通过资料收集分析、现场踏勘、座谈走访、文献查阅、生态环境调查、遥感影像分析、居民调查等方式，掌握污染环境和破坏生态行为以及场地土壤生态环境损害、人体健康损害的基本情况和主要特征，确定场地土壤生态环境和人体健康遭受损害的范围和程度，筛选特征污染物和可能的敏感受体，如儿童、成人、地下水体等，编制判定评估工作方案。

（2）损害调查确认

根据场地环境和人体健康损害鉴定评估工作方案，组织开展污染环境和破坏生态行为以及场地土壤生态环境损害、人体健康损害状况调查或相关资料收集。场地土壤生态环境和人体健康损害调查应编制调查方案，明确场地土壤生态环境损害、人体健康损害调查的目标、内容、方法、质量控制和质量保证措施，并进行专家论证。

（3）因果关系分析

根据一定的评价原则，综合运用一些评价方法，并排除非环境污染因素的影响和混杂因素的干扰，进而揭示因果关系。

（4）评估报告编制

编制场地环境和人体健康损害因果关系判定评估报告（意见书），同时建立完整的判定工作档案。

6.2.5　重点内容（因果关系判定）

（1）"因"

即环境污染，是指人类直接或间接地向环境排放超过其自净能力的物质或能量，从而使环境的质量降低，对人类的生存与发展、生态系统和财产造成不利影响的现象。具体包括土壤污染、水污染、大气污染、放射污染等。要确证环境污染事实客观存在，需要调查分析的内容主要包括污染源、污染物的基本性质、环境行为、现场情况、环境毒理及环境标准等。

（2）"果"

即健康损害，环境损害后因污染物的蓄积效应而导致人的健康乃至生命遭受危害，造成人体疾病、伤残、死亡或精神状态的可观察到的或可测量的不利改变。人群健康损害是一个综合的反应，包括特定物质的损害、非特定物质长期累积损害及其自身生理及遗传因素的影响等。有害物质在体内靶器官的累积速率和负荷量是产生健康损害效应的基础，当负荷量超过机体的耐受量时，才会出现相应的临床症状。环境污染因子的弱作用，往往提示人体机能和病理学的变化。确证人群健康损害结果需进行生物负荷及指标的调查、环境污染暴露分析、健康受害者症状/体征、发病率/患病率情况、暴露－效应关系等方面的调查与分析。

（3）"因果关系"

即暴露于环境污染因素和健康损害之间的因果关系，流行病学上的因果关系是从疾病寻找病因的探索性研究，而环境污染造成的健康损害的因果关系，则是认定环境污染、健康损害事实及两者之间的因果关系的一种认定性研究。

①因果关系判定判断环境污染是否引起机体健康损害因果关系判定类型。

a.环境污染事故健康损害判定：因突发性环境污染事故或单一污染因素引起的急性中毒，其因果关系证明相对简单。检测污染物的浓度、排放强度、人体内的污染物负荷及健康损害指标，即可直接进行判定。

b.长期低浓度慢性中毒健康损害因果关系判定：采用流行病学方法进行调查研究，内容包括环境污染状况调查、人群污染物负荷调查、人群健康损害调查（包括靶器官损害），然后进行环境污染与健康损害因果关系的研究判定。

c.个体健康损害判定：个体之间由于易感性不同对环境污染物的反应也不同。这导致了流行病学在判定个体损害时具有一定的局限性，可以从以下几个方面进行综合判断：第一，污染物的暴露证据（毒性、剂量、强度、时间、频率）；第二，人体的健康损害证据；第三，损害与污染物的毒性是否一致；第四，出现健康损害与污染物暴露的先后顺序、是否具有暴露终止效应；第五，不存在导致健康损害的其他原因。

d.群体性健康损害判定：采用描述流行病学（如现况研究）和分析流行病学（如病例对照研究）方法予以认定。第一，群体长期居住在一起有共同的暴露史，各年龄人群均出现相似的健康损害；第二，与对照区相比，污染区人群有较高的特征污染物负荷水平和特征疾病发病水平；第三，污染区人群具有较明显的健康效应谱分布；第四，符合一般病因因果关系判定标准的多项要求；第五，排除混杂因素和其他致病因素的干扰。

②环境污染健康损害相关度判定标准。

环境污染健康损害相关度判定：根据污染物毒性、暴露量及暴露时间等条件，再结合受害人群效应特点、自身疾病状况等，综合判定环境污染损害原因力大小，用于健康损害分担评价和环境污染因果关系判定。"污染行为直接导致健康损害后果"：意味着环境污染行为对造成健康损害后果具有100%的原因力。"主要由污染行为导致健康损害后果":意味着污染行为对健康损害后果具有75%的原因力。"污染行为与其它原因共同导致健康损害后果":这种情形属于临界因果关系,意味着污染行为与其他原因(如患者自身患有疾病、病情复杂、自身抵抗力差等)共同导致患者损害的出现,而任何一个因素单独存在时都不会出现这种不良后果。在这种情况下我们可以判定污染行为对造成健康损害后果具有50%的原因力,其污染行为与损害后果的相关度可判定为50%,有时也可以根据情况做出(<75%,>25%)相应的调整。"污染行为属于诱发因素":意味着受害者自身的疾病或其他原因是造成健康损害后果的主要因素,而污染行为只是诱发因素或者促成因素,此时污染行为的原因力为25%。"不良后果与污染行为没有关系":健康损害后果是受害者自身的情况所致,与环境污染没有相关关系,意味着污染行为对损害后果的相关度为0。

6.3 案例分析

我国的土壤污染类型大体可以分为4类。

（1）农田耕地土壤污染

这类土壤污染通常来源于工业活动排放以及农业生产活动。工业废水的大量排放,废水中的各种金属离子以及有机物等影响土壤肥力及农作物质量;农业生产实践中因为农药、化肥的利用及大量使用塑料薄膜造成土壤环境的平衡破坏。

污染特点是污染面积大,污染深度比较浅,污染相对均匀,污染物浓度不高,农田耕地污染防治的主要目标是农产品及土壤生态系统。

①非法倾倒污泥致环境损害鉴定案。

2017年8月下旬至2018年1月,黄某等人通过船运污泥至某地,再通过陆路将污泥运至各地直接倾倒处置,分别在某市等5处地块直接倾倒污泥共计14800吨。现场部分污泥已风化膨胀,并伴有刺鼻气味,个别地块有植被生长,地块内均挖出黑色污泥,该场所均无污染防治措施。该市生态环境局委托江西环境保护科学研究院生态环境损害鉴定中心进行环境损害鉴定评估。根据《生态环境损害鉴定评估技术指南总纲》（2016年版）规定,生态环境损害确认的原则之一为"评估区域空气、地表水、沉积物、土壤、地下水等环境介质中特征污染物浓度超过基线20%以上"。本次现场调查在涉事场地部分地块中的土壤检测点位检出锌、铬元素含量超出背景值（基线）20%以上，结合因果关系分析，本次倾倒污泥事件造成了包括土壤生态环境要素的损害，环境暴露与环境损害间的关联具有合理性，污泥随处堆放，未采取有效防渗措施和处理措施，因此涉及的相关污染物可能对区域内土壤环境造成损害，检测结果表明倾倒地及周边土壤中相关因子锌、铬金属含量高于背景值（基线）和对照点水平。该现象符合环境暴露与环境损害间存在的时间先后顺序原则，且从污染物迁移路径和同源性分析可判定此次非法倾倒污泥案件造成了土壤环境损害。生态环境损害价值量化如下：土壤修复的直接工程费1048万元，间接工程费204.45万元，基本预备费83.84万元，环境应急监测费70万元，评估报告编制费40万元。共计1446.29万元。

鉴定要点：本案通过实地踏勘、采样检测、资料收集、座谈走访、文献查阅等方式，还原事件发生经过，确定污染事件行为与场地污染之间关系，掌握事发区域环境特征、环境功能目标与周边环境敏感点等基本情况，确定评估的时空范围，进行因果关系分析，开展生态环境损害实物量化和价值量化，比较倾倒场地修复方案，对受影响区域后续生态环境修复与恢复提出建议。

②固废异地倾倒致环境损害鉴定案。

2020年6月，浙江某市生态环境局发现区域内有4处非法生活垃圾、建筑垃圾和工业固废的混合倾倒点，通过监控等技术侦查手段查证为跨省倾倒，倾倒量约1500吨。事件发生后，当地政府部门采取了应急污染控制措施以防污染扩大，清理了现场倾倒的固废及受污染水体，实际清理及处置固废（轻质可燃）762.88吨、建筑垃圾1636.98吨、污泥（含无法分离的覆盖土）1127.63吨、受污染水体1094.16吨。本案委托浙江省环科院环境损害司法鉴定所开展环境损害司法鉴定，鉴定内容包括倾倒物质性质认定、损害费用量化。经检测，倾倒的固废中含有重金属铜、锌、铅、镍、铬、砷、汞等，有机物萘、菲、邻苯二甲酸二正丁酯、荧蒽、邻苯二甲酸二（2-乙基己基）酯等；渗滤液中检测出有毒物质苯乙烯、2-氯甲苯、二氯甲烷、致癌性物质苯；根据2019年2月20日发布的《关于办理环境污染刑事案件有关问题座谈会纪要》，认定倾倒物为有害物质。经对地表水、土壤中特征污染物的检测，并根据《生态环境损害鉴定评估技术指标总纲》生态环境损害判定依据，确认混合倾倒的固废已导致地表水、土壤生态环境受到损害；倾倒行为发生至清理完成的时间间隔短

（1个多月），且倾倒的固废（含坑内底层淤泥及淤泥下 0.1m 土壤）得到清理、坑内受污染水体全部得到清理处置，根据相似案件经验和土壤地质现状，研判地下水未受污染，未考虑开展地下水损害鉴定。现场倾倒的固废经清理、筛分后予以不同方式处置，清理、处置费用为 209.96 万元；清理处置地表水费用为 6.5 万元；倾倒固废清理后，按规范经采样检测倾倒区域的土壤环境，经数值模拟计算共有 736m³ 表层土壤受到损害，但未超过《土壤环境质量 农用地土壤污染风险管控标准（试行）》（GB 15618—2018）的风险筛选值；采用植物修复的理论治理成本法评估土壤损害，理论治理成本单价 150 元 /m³（考虑多个重金属的植物修复），土壤损害量化费用为 11.04 万元。

鉴定要点：鉴定机构接受委托后，第一时间与委托方、当地政府充分沟通，指导开展应急污染控制，明确清理的规范、标准，现场指导当地政府开展污染物的清理、处理、处置，避免固废异地倾倒案件中普遍存在的过度清理问题。通过详细的市场调研和工程经验，纠正委托方提供的不合理处置单价。委托方提供的现场受污水体的清理处置价格为 616 元 / 吨；经比较受污染水体的主要指标，可直接送入污水处理厂处置，且实际也送入附近污水处理厂处置；综合考虑现场清理、运输、处置费用，最终确定合理价格为 60 元 / 吨。鉴定机构未采纳委托方提供的不合理的污染控制费用，避免固废异地倾倒案件中普遍存在的损害量化虚高问题。

③山东省生态环境厅诉山东金诚重油化工有限公司、山东弘聚新能源有限公司生态环境损害赔偿诉讼案。

2015 年 8 月，弘聚公司委托无危险废物处理资质的人员将其生产的 640 吨废酸液倾倒至济南市章丘区普集街道办上皋村的一个废弃煤井内。2015 年 10 月 20 日，金诚公司采取相同手段将其生产的 23.7 吨废碱液倾倒至同一煤井内，因废酸、废碱发生剧烈化学反应，4 名涉嫌非法排放危险废物人员当场中毒身亡。经监测，废液对井壁、井底土壤及地下水造成污染。事件发生后，原章丘市人民政府进行了应急处置，并开展生态环境修复工作。山东省人民政府指定山东省生态环境厅为具体工作部门，开展生态环境损害赔偿索赔工作。山东省生态环境厅与金诚公司、弘聚公司磋商未能达成一致，遂根据山东省环境保护科学研究设计院出具的《环境损害评估报告》向济南市中级人民法院提起诉讼，济南市中级人民法院经审理认为，弘聚公司生产过程中产生的废酸液和金诚公司生产过程中产生的废碱液导致涉案场地生态环境损害，应依法承担生态环境损害赔偿责任。判令被告承担应急处置费用、生态环境服务功能损失、生态环境损害赔偿费用等共计2.3亿余元，酌定弘聚公司承担80%的赔偿责任，金诚公司承担20%的赔偿责任，并据此确定两被告应支付赔偿的各项费用。两被告对上述各项费用承担连带责任，并判令两被告在省级以上媒体公开道歉。

鉴定要点：本案系因重大突发环境事件导致的生态环境损害赔偿案件。两被告排放污染物的时间、种类、数量不同，认定两被告各自行为所造成的污染范围、损害后果及相应的治理费用存在较大困难。一是由原、被告分别申请专家辅助人出庭从专业技术角度对案件事实涉及的专业问题充分发表意见；二是由参与《环境损害评估报告》的专业人员出庭说明并接受质询；三是由人民法院另行聘请3位咨询专家参加庭审，并在庭审后出具《损害赔偿责任分担的专家咨询意见》；四是在评估报告基础上，综合专家辅助人和咨询专家的意见，根据主观过错、经营状况等因素，合理分配二被告各自应承担的赔偿责任。

④贵阳市生态环境局诉贵州省六盘水双元铝业有限责任公司、阮正华、田锦芳生态环境损害赔偿诉讼案。

贵阳市生态环境局诉称：2017年以来，双元铝业公司、田锦芳、阮正华将生产过程中产生的电解铝固体废物运输至贵阳市花溪区溪董家堰村塘边寨旁进行倾倒，现场未采取防雨防渗措施。2018年4月10日，又发现花溪区查获的疑似危险废物被被告转移至修文县龙场镇营关村一废弃洗煤厂进行非法填埋。事发后环保部门及时对该批固体废物及堆场周边水体进行采样送检，检测结果表明，送检样品中含有大量的水溶性氟化物，极易对土壤、地下水造成严重污染，该批固体废物为疑似危险废物。经委托环境损害鉴定评估显示，该生态环境损害行为所产生的危险废物处置费用、场地生态修复费用、送检化验费用、环境损害评估费用、后期跟踪检测费用、综合整治及生态修复工程监督及修复评估费合计413.78万元。贵阳市中级人民法院多次主持调解，当事人自愿达成调解协议。主要内容包括：一是涉及边寨违法倾倒场地的危险废物处置费用、送检化验费用、鉴定费用、场地生态修复费用及后期跟踪监测费用由三被告承担。二是涉及修文县龙场镇营关村废弃洗煤厂的危险废物处置费用、送检化验费用、鉴定费用、场地生态修复费用、后期跟踪监测费用由三被告承担。三是由赔偿权利人的代表贵阳市生态环境局于2019年6月1日前牵头组织启动涉案地块后期修复及监测等工作。

鉴定要点：本案是由生态环境保护主管部门直接提起的生态环境损害赔偿诉讼案件。环境暴露与环境损害间的关联具有合理性。该现象符合环境暴露与环境损害间存在的时间先后顺序原则，且从污染物迁移路径和同源性分析可判定该废弃物的异地倾倒造成了土壤环境损害。

（2）工业企业搬迁后遗留的场地的土壤污染

这类土壤污染通常来源于场址上原有企业的生产运营，污染的面积特别集中，污染浓度通常更高，土壤中有可能发现有机溶剂残留，污染深度大。

①常州外国语学校毒地事件。

2015年年底至2016年4月前后，常州外国语学校数百名学生体检查出皮炎、湿疹、支气管炎、血液指标异常、白细胞减少等症状。经调查，污染源来自学校北侧的一片工地。此前该地块为江苏常隆化工有限公司、常州市常宇化工有限公司、江苏华达化工集团有限公司（原常州市华达化工厂）3家化工厂的原址。3家化工企业在生产经营中，严重污染了26万 m² 土地及周边环境，企业未做修复即相继搬迁。此后，常州市政府在雇佣专业机构对污染场地进行修复过程中，导致污染物扩散。2016年4月29日，环保组织自然之友和中国绿发会对造成污染的3家化工厂提起公益诉讼，要求其承担污染土壤和地下水的环境修复责任，向公众赔礼道歉，承担原告因本诉讼支出的调查取证费、律师费、差旅费、评估鉴定费、案件受理费等共计108460元。2017年1月25日，此案一审宣判：常州中院驳回原告诉讼请求，判令两原告共同负担189万余元的案件受理费。同年12月27日，此案二审宣判：撤销一审判决；判常隆公司、常宇公司、华达公司在国家级媒体上就污染行为向社会公众道歉；常隆公司、常宇公司、华达公司共同向自然之友支付律师费、差旅费23万元，向绿发会支付律师费、差旅费23万元；驳回自然之友、绿发会的其他诉讼请求。

鉴定要点：本案例系遗留场址的土壤污染事件，环境暴露与环境损害间的关联具有合理性，3家化工企业搬迁场址前未做土壤修复，后期修复过程中造成环境损害事件，因此涉及的相关污染物可能对区域内土壤环境造成损害，检测结果表明原化工遗留场地及周边土壤中相关污染物含量高于背景值（基线）和对照点水平。该现象符合环境暴露与环境损害间存在的时间先后顺序原则，且从污染物迁移路径和同源性分析可判定此案件造成了土壤环境损害。

（3）石油开采企业场址的土壤污染

这类土壤污染通常涉及采油井、联合站、炼油厂、化工厂、油库等多种类型，在石油踏勘、开采、加工、输送、存储等环节均易发生土壤污染，现阶段石油化工企业中的主要土壤污染物包括石油烃、多环芳烃、挥发性有机物、半挥发性有机物、重金属等，这类场地的污染面积一般较大，污染物的浓度分布不均。近年来国内外原油泄漏事件时有发生，对海洋环境以及土壤造成巨大的影响，甚至危及人民群众的生命财产。美国墨西哥湾原油泄漏事件、辽宁大连中石油输油管道爆炸事件、中海油渤海湾漏油事故等，这类事故的因果关系较为明确，难点主要在后续的环境损害评估方面。

（4）矿山开采企业的场址的土壤污染

开采过程中尾矿粉尘、矿坑废水废渣可造成不可修复的土壤损害，矿山采掘、剥离引发土壤退化以及次生地质灾害。主要的污染物为重金属，可在生物体内富集，最终引起损害人体健康。这类污染的污染面积一般较大，多为高背景值地区，污染深度也会很大，如江西"镉大米"事件。

2017年11月6日，中国无毒的志愿者通过自媒体发布了一篇关于九江大米遭镉污染的公开举报信。信中称，10月中旬，中国无毒的志愿者在江西省九江市港口街镇两个村两户村民的家中或者农田中对土壤和稻谷进行了取样，并送至第三方检测机构。检测结果显示：两个村两户村民的稻谷重金属镉存在不同程度超标，最高超出《食品中污染物限量》（GB 2762—2012）规定的8.1倍；正在种植的农田土壤重金属镉超标，同时农田灌溉水源以及候鸟栖息地东湖底泥镉、砷超标，废弃农田土壤重金属镉、砷更是严重超标，分别超出《土壤环境质量标准》（GB 15618—1995）3级（保障农林业生产和植物正常生长的土壤临界值）（下简称土壤3级标准）14.2倍和7.13倍。随后，柴桑区委、区政府立即组织调查组赴现场调查，因附近的矿山开采造成该事件的发生，11月14日，柴桑区环保局对外回应称："已于8月30日责令九江矿冶公司停产，在此基础上，按有关程序启动永久性闭矿工作，并对矿区进行生态修复和植被恢复。"九江市相关部门按照国家统一粮食收购价全部收存疑似污染稻谷75206斤，11名责任人被问责。

鉴定要点：本次现场调查在涉事场地部分地块中的土壤出现检测点位镉、砷元素含量严重超标，结合因果关系分析，矿山开采导致地下水、土壤内重金属超标造成了包括土壤生态环境要素的损害，环境暴露与环境损害间的关联具有合理性。该现象符合环境暴露与环境损害间存在的时间先后顺序原则，且从污染物迁移路径和同源性分析可判定该矿山开采造成了土壤环境损害。

6.4 展望

环境损害司法鉴定为环境案件提供因果关系认定、环境损害程度量化依据，并在司法审判中发挥着证据支撑的作用，环境损害司法鉴定制度是切实保障公民人身财产权利和资源环境权利的法律依托，但就环境损害司法鉴定的现状来看，我国的环境污染鉴定评估尚处于探索阶段，法律技术、技术标准尚待制定，工作机制的专门化、职业化和规范化尚待推进，在实践过程中，表现出了很多的不足之处。

鉴定评估技术规范和标准不统一：林业、农业、环保、海洋等部门制定了相关环境损害技术规范，但这些技术规范基于不同的侧重点，技术的体系无法有效地整合连接。尤其是对于涉及多部门的环境损害评估的大案、要案。环境损害鉴定评估机构引用分散于各部门的环境损害技术规范时，所核算得到的评估结果数值往往相差较大，不利于该鉴定评估领域的长远发展。环境损害鉴定评估技术领域还存在其他问题，目前生态环境部已经出台的多项文件主要集中在环境损害的调查技术和暴露参数评估方面，不能科学全面地评估环境损害对人群健康以及经济损失的影响。

鉴定收费标准不统一，鉴定费差异巨大，评估机构收费高且无收费依据：目前，环境损害司法鉴定收费规范缺失，环境损害司法鉴定只能同其他未被纳入统一登记管理的司法鉴定项目一样，实行市场调节价管理，即鉴定费由鉴定机构和当事人协商确定；依据《诉讼费用交纳办法》，在具体的司法实践中，鉴定费负担的法律依据存在争议。

生态环境损害司法鉴定执业分类方式不合理：司法部、生态环境部联合印发的《环境损害司法鉴定执业分类规定》〔司发通（2019）56 号〕将生态环境损害司法鉴定执业分为七大类，并规定每个鉴定人只能从事其中两类鉴定工作。然而实际的生态环境污染往往情况非常复杂，且并非只在单一环境介质中发生，因此这种分类人为限制了鉴定人的发展。而这种简单粗暴的分类方式，造成同一个案件需要多个拥有不同鉴定类别资质的鉴定人参与开展工作，增加了鉴定机构的成本。

鉴定机构数量少，分布不均：截至 2020 年 12 月底，全国经省级司法行政机关审核登记的环境损害司法鉴定机构达 200 家、鉴定人 3300 余名，主要集中在云南、江西两地，多数省市的机构少于 10 家，严重分布不均；近几年生态环境损害司法鉴定案件累计 14000 余件，年平均增速约为 25%，但仅有17% 左右的案件进入司法程序，这表明环境损害司法鉴定机构和鉴定人数量远远不能满足现实需求。且各地司法鉴定的发展水平差异巨大，结构不优化、布局不合理，一些司法鉴定机构虽然具备资质，但其所从事的方面比较单一，导致在实际鉴定时无法满足鉴定要求。

司法鉴定复合型人才缺口大：环境损害司法鉴定对于鉴定人综合素质要求高，鉴定人需要具备化学、环境、生物、法律、经济等多门学科的知识，环境损害司法鉴定人才储备不够，人才培养体系欠缺，重视不足。建议环境损害鉴定评估不仅有利于促进环境司法规范的发展，维护当事人的合法环境权利，优化环境的行政管理；还能促进社会经济的可持续发展，提高企业的环境风险意识，强化企业需要承担的环境责任；也有利于提高保护自然环境的效果，精准衡量环境污染问题，高效应对环境污染和破坏。为了适应和满足环境公益诉讼中环境损害鉴定评估的实际需要，急需通过制度建设予以改进。

（1）建立统一的鉴定评估技术标准

制定全国性的司法鉴定评估法律规范体系和鉴定机构体系，以此来作为各个地方和各个领域制定具体详细的标准的依据。其次，要及时进行技术标准的更新，在上位统一标准的框架下，结合本地区、本机构的特殊情况进行灵活多变的处理，从而达到规范性和灵活性的统一。此外，以环境损害司法鉴定的技术发展现状为基点，吸纳借鉴国外先进技术，拓宽环境损害司法鉴定的范围，完善环境损害司法鉴定技术导则体系，制定相应的专项技术规范，构建技术治理与规则治理之间高效衔接的机制，将技术层面的成果及时转化，用以指导法律规范。

（2）提高鉴定意见司法权威性

在环境诉讼案件中，对环境侵权造成的损害进行分类，加强对环境损害司法鉴定的应用，将环境损害司法鉴定机构独立于行政机关，建立中立的环境损害法鉴定机构，使其免受行政力量的制约。应用全面科学的因果关系判定，确定环境损害与人群健康损害的关系及具体受损程度。

（3）建立联动交流机制

面对环境公益诉讼中相对专业性的事实争议，邀请生态环境方面的专家对鉴定机构所做出的鉴定评估结论进行审查，促进环境专家和鉴定专家建立共生关系；人民法官应该主动组织多方主体联动交流，相关部门协助鉴定评估，环保组织、环保行政部门、广大公众等主体也应该协助鉴定机构制订好环境损害修复计划，保障该计划落实的合理性和可行性。

（4）完善监督管理制度

基于环境损害鉴定评估工作的技术性和专业性，应建立"四位一体"监管体系，即包括行政、司法、社会监督和行业自律4个方面。

a. 行政监督是政府对鉴定评估机构的管理监督活动。它主要由司法行政部门和环境保护行政部门进行监督，覆盖国家、省、市、县4级。此外，根据我国目前法律要求，鉴定评估机构的运作需要经过司法行政部门的审查和登记。因此，需要环境保护行政机关和司法行政机关根据自身的权力侧重点对鉴定评估机构及人员分别进行技术方面的监督和行政方面的监督。同时，为了避免多头管理等行政管理中存在的长期问题，可以由自然资源部牵头，卫生、土地、农业、林业等行政主管部门参与识别与评估协调机制的建设，并与公安、司法机关共同建立环境保护监督联动与合作机制。

b. 司法监督是司法机关的事后监督，即监督评估机构及其人员在诉讼仲裁过程中的鉴定评估过程中的违法行为。法院的监督主要是通过审判实现公平正义，包括对鉴定评估机构或其他人员提起的民事诉讼和检察机关对鉴定机构或鉴定人提起的公诉案件进行判决；检察院的监督则一般是通过起诉鉴定评估机构或鉴定人的犯罪活动来实现的。行业自律是各行业在经济发展过程中长期实践而自发形成的一种自助监督管理模式。笔者认为，可以设立环境污染损害鉴定评估协会，对鉴定评估机构以及鉴定人的运作进行自律管理。

c. 社会监督是指社会力量的监督，包括利益相关者、公众和新闻媒体，对鉴定人工作的合规性和合法性进行监督。利害相关者的监督需要确保当事人在环境公益诉讼鉴定评估过程中的参与权，从而减少多次鉴定评估和重复鉴定的发生。一旦在参与过程中发现评估机构或鉴定评估人员违反了法律法规，当事人可以要求其承担相应的法律责任。

d.行业自律是各行业在经济发展过程中长期实践而自发形成的一种自助监督管理模式，设立环境污染损害鉴定评估协会对鉴定评估机构以及鉴定师的运作进行自律管理。

（5）加快司法鉴定机构准入及鉴定人培养

目前我国环境诉讼发生率呈现逐年上升的趋势，但目前的司法鉴定机构及鉴定人员明显不足，加快准入登记步伐，科学统筹本省份生态环境、自然资源、农业农村、水利、林业草原等不同部门及高等院校、社会机构等科研力量，加快准入一批诉讼急需、社会关注的鉴定机构，鼓励和引导优质科研院所、高等院校申请准入登记，为打击环境违法犯罪、建设美丽中国提供了有力支撑。

（6）促进环境专家和鉴定专家之间建立共生关系

鉴定专家的评估与专家辅助人的意见并不是非此即彼的对立关系，两者的分离不利于客观全面地进行环境破坏调查，不利于案件的审理。面对环境公益诉讼中相对专业性的事实争议，确有必要依靠鉴定评估作为裁判的参考时，应邀请生态环境方面的专家对鉴定机构所做出的鉴定评估结论进行审查。此时，当事人也可以向法院申请通知具有专业知识的人出庭并就特殊问题提出意见。各地中级人民法院可以建立环境资源司法鉴定评估专家数据库，以方便提供"有专业知识的人"出庭。专家数据库的专家可以由省级环境保护行政机构、大学或者研究机构推荐，但应是相关专业技术领域的领导者。专家库的专家所擅长的领域应涉及水资源开发利用、大气污染治理、土地污染整治、海洋环境监测、核和电磁辐射预防和湿地保护等各个环境方面。随着时间的推移和技术的进步，专家的范围和数量需要进一步扩大和改进，从而涵盖更多的环境诉讼鉴定评估事项，让当事人在专家的选择上有更多的空间和自由。

为了科学有效地促进环境公益诉讼中环境损害鉴定评估的发展，保证鉴定评估结果的社会公信力，建立一套有序联系、多元治理的监督管理体系势在必行。

环境损害鉴定评估不仅有利于促进环境司法规范的发展，维护当事人的合法环境权利，优化环境的行政管理；还能促进社会经济的可持续发展，提高企业的环境风险意识，强化企业需要承担的环境责任；也有利于提高保护自然环境的效果，精准衡量环境污染问题，高效应对环境污染和破坏。

7 化学原料和化学制品污染与健康损害

7.1 化学原料和化学制品污染场地

7.1.1 我国化学原料和化学制品污染场地现状

根据 2014 年《全国土壤污染状况调查公报》指出，全国土壤总的超标率为 16.1%，总体土壤环境状况不容乐观，耕地土壤环境质量堪忧，工矿业废弃地土壤环境问题突出；污染类型以无机型为主，有机型次之，复合型污染比重较小，部分场地为重度污染场地；化工企业由于化学品生产和处理、废物的倾倒和排放、二次开发、化学物质泄露等因素造成了严重的场地污染问题；随着中国工业化和城市化发展及为满足城市建设用地需要，我国已逐步实施"退二进三""退城进园"和"产业转移"等政策，由此出现大量工业遗留和遗弃场地且面临着用地功能的转换和二次开发，成为目前迫切需要解决的土壤环境问题之一。

7.1.2 化学原料和化学制品污染场地特点

（1）场地污染物风险严重

中国化工行业场地污染表现出多源、复合、量大、面广、持久、毒害大的现代环境污染特征。污染物种类繁多，性质各异，且许多污染物毒性强，对生态环境和人类健康危害极大。石油煤炭能源燃烧产生的多环芳烃具有致癌、致畸、致突变的作用；多数有机化工厂在生产加工化学品的过程中造成芳烃类、氯代烃类等具有致癌性与非致癌性污染物的排放；农药化肥工业生产的滴滴涕（DDT）、六六六、有机氯化合物等具有剧毒、生物累积性、致癌、致畸、致突变作用。

（2）场地污染物迁移途径多样

污染场地的各种污染物会通过不同途径对生态环境和人类健康造成危害，挥发性和半挥发性有机污染物可通过挥发、扩散等迁移过程，造成对大气的污染；重金属和难挥发有机物则通过向地表水和地下水迁移而影响生态系统，并通过生物累积和食物链过程危及人体健康。

（3）污染场地常规治理难度大

由于化工生产过程中所用的原料种类反应条件和二次回收方式等不同使得产生废渣的化学成分和矿物组成等均有较大差异，因此，总体上化工废渣种类繁多、组分复杂、数量巨大，且大部分有毒。对化工废渣污染的场地进行常规治理修复时要着重注意对一些有价值的废渣进行资源综合利用，这些都存在一定的技术困难，需投入大量的人力和物力。

7.1.3 化学原料和化学制品的种类和成分

全球合成化学品产量在逐年上涨（其中每年合成的近百万新化合物有 70% 左右为有机化合物），土壤中有机污染物主要分为七大类：有机农药类、石油类、塑料制品、染料类、表面活性剂类、增塑剂、阻燃剂。其中，常见的有机农药有有机氯农药（如 DDT、氯丹等）和有机磷农药（如乐果、敌百草）。石油类污染物主要包括多环芳烃［PAHs，如菲、苯并（a）芘、苯并（a）蒽等］和烷烃、环烷烃、烯烃以及芳香烃。塑料制品主要包括食品包装、泡沫塑料填充包装、快餐盒、农用地膜等"白色污染"，这些"白色污染"的主要成分为聚苯乙烯、聚丙烯、聚氯乙烯等，使土壤结构遭到破坏、农作物减产、品质受损、破坏农业生态系统。同时，在城市和工业垃圾焚烧、聚氯乙烯的生产环节会产生二噁英，二噁英是目前已知的有机化合物中毒性最强的化合物。染料类有机污染物主要来源于工业废水排放、堆肥过程，如茜、苯胺。表面活性剂类有机污染物主要成分是烷基苯磺酸盐，主要存在于污泥、污灌中，较高浓度的表面活性剂导致土壤黏粒稳定性增加，加重水土流失。增塑剂包括多氯联苯、钛酸酯类化合物（PAEs）、邻苯二甲酸二丁酯（DBP）、邻苯二甲酸异辛酯（DEHP）。阻燃剂主要包括有机磷酸酯、多溴联苯醚类。土壤中的大部分有机污染物化学性质稳定，具有较强的生物毒性，进入土壤后难以被土壤中的微生物降解，有机污染物在土壤中具有隐蔽性、潜伏性、不可逆转性和中间产物复杂等特征，可以在土壤中富集，容易对环境造成持久性污染，同时，以颗粒物、气体、等形式经口、吸收、皮肤等暴露途径进入人体，对人体健康造成损害。

7.2 持久性有机污染物致人体健康损害研究进展

近年来，持久性有机污染物（POPs）因其对人体健康的不良影响而获得广泛关注。这类有机物不仅具有稳定的结构，可以在环境中长期残留，还具有亲脂性，容易通过生物富集作用进入人体，在脑、肝脏等器官中不断蓄积，对人体造成严重的健康损害。POPs 主要包括有机氯农药类、多氯二苯并对二噁英 / 呋喃（PCDD/PCDFs）、多氯联苯（PCBs），以及后来列入《斯德哥尔摩公约》的多溴联苯醚（PBDEs）、全氟辛烷磺酸（PFOS）、全氟辛酸及其盐（PFOA）、邻苯二甲酸酯（PAEs）等几十种物质。大多数的 POPs 曾于 20 世纪被广泛应用于各领域与行业中，如滴滴涕（DDT）与六氯苯应用于农药生产与使用，PCBs 应用于变压器、电容器以及绝缘体等的生产，PBDEs 用于阻燃剂以及表面活性剂等，PFOS 和 PFOA 应用于服装织物、地毯、食品包装、润滑剂、表面活性剂和灭火器的防油或防水剂等。随着《斯德哥尔摩公约》生效，这些 POPs 逐渐被禁止或限制使用，使得其影响逐渐减弱，但是由于其自身的特殊性质，至今仍然对环境与人群健康具有潜在的负面影响。下文主要介绍一些典型 POPs 的神经毒性、生殖毒性、肝脏毒性、内分泌干扰作用、甲状腺干扰作用、呼吸道损伤、循环系统损伤以及发育毒性的健康效应。

7.2.1 神经毒性

大量的流行病学、体内及体外实验证据表明，POPs 可以干扰神经系统的正常发育，导致神经毒性，且各种 POPs 对神经系统的影响可能具有不同的效应。对美国俄亥俄州辛辛那提的前瞻性妊娠和分娩队列数据进行分析发现，在对母亲年龄、种族 / 民族、教育、母亲智商、母亲抑郁症等变量进行调整后，产前接触多溴二苯醚浓度与儿童阅读分数之间呈负相关。还发现 PCBs 同源物和多氟烷基物质（PFAs）与阅读技能之间存在正相关。Berghuis 等进行了两项荷兰的出生队列随访的前瞻性研究，测量了几种妊娠中期和 / 或晚期采集的母体血清样本中持久性有机污染物的水平。使用 Wechsler 儿童智力量表评估总体智力、言语智力和行为智力，使用儿童运动评估电池（Movement-ABC）评估运动结果，发现荷兰 13 至 15 岁青少年的产前暴露于持久性有机污染物与认知和运动结果呈负相关。PCB-183 和六溴环十二烷（HBCDD）与较低智力水平几乎显著相关。通过分层整群抽样对中国上海 10 家符合条件的医院孕妇职业污染物暴露史进行调查，并采集符合条件母婴出生后的脐带血样本。然后纵向跟踪儿童，探索持久性有机污染物如何影响他们的语言、运动和认知发展。研究发现，产前暴露低水平 β-HCH 可能与 18 个月婴儿运动功能发育水平下降有关。

Andriani Kyriklaki 等通过三重四极杆质谱法对 689 对母婴进行研究，测定了妊娠前 3 个月收集的母体血清中几种多氯联苯（PCBs）和其他有机氯化合物［二氯二苯二氯乙烯（DDE）、六氯苯（HCB）］的浓度。通过麦卡锡儿童能力量表对儿童 4 岁时神经发育进行评估。在对潜在混杂因素进行调整后，使用线性回归分析来估计暴露与结果之间的关联。发现产前接触六氯苯和多氯联苯可能会导致学龄前儿童认知发育下降。

一项基于嵌套病例对照设计的全国出生队列研究，对来自妊娠早期的母体血清样本进行 p,p'-DDE 检测。分析发现，当母体 p,p'-DDE 水平处于最高 75% 时，后代患自闭症的概率显著增加。调整了母体的年龄、产次和精神疾病史（OR= 1.32，95%CI=1.02，1.71）。当母体 p,p'-DDE 水平高于此阈值时，患有智力障碍的自闭症的概率增加了 2 倍以上（OR = 2.21，95%CI=1.32，3.69）。

Duk-Hee Lee 等在乌普萨拉老年人前瞻性调查（PIVUS）中，测量了 989 名 70 岁男性和女性的 3 种有机氯农药（p,p'-DDE、反式九氯和六氯苯）的血浆浓度。通过审查医疗记录确认认知障碍。在 10 年的随访期间有 75 名受试者出现了认知障碍。研究表明，接触有机氯农药与老年人发生认知障碍的风险有关。

7.2.2 生殖毒性

宫内暴露 POPs，包括有机氯化合物（OCs）或多溴二苯醚（PBDEs），可能会增加儿童不良健康影响的风险，因为产前阶段对发育很重要。Miguel García-Villarino 等通过一项基于人群的多中心母婴队列研究，收集了 355 名妊娠妇女的血液样本，分析了 355 份血液样本中的持久性有机污染物浓度，并在 18 个月时记录后代的肛门生殖器距离（AGD）。使用线性回归模型来分析母体 POPs 暴露与后代 AGD 之间的关联。研究发现，男性在 18 个月大时的 AGD 与产前暴露于 PBDE-99 和 PBDE-153 之间呈负相关。研究证明产前接触 POPs 可能与后代 AGD 缩短有关。

一项来自加利福尼亚州和俄亥俄州的乳腺癌和环境研究计划收集测量 6-8 岁女性血清（平均年龄 7.8 岁）多氯联苯（PCBs）、有机氯农药（OCPs）和多溴二苯醚（PBDEs）的浓度。使用 Cox 比例回归计算月经初潮的调整风险比（aHR）。在调整除 BMI 以外的所有协变量后，发现较高的 POP 浓度与月经初潮年龄较晚有关［第四分位组与第一分位组相比，PBDEs 的 HR=0.75

（95% CI：0.58，0.97）、PCBs 的 HR=0.67（95% CI：0.5，0.89）和 OCPs 的 HR=0.66（95% CI：0.50，0.89）]。研究表明，某些持久性有机污染物浓度较高时，月经初潮开始较晚。改变青春期时间可能对生殖健康和疾病风险产生长期影响，因此持续关注对于了解受激素活性化学物质影响的生物过程很重要。

Liu 等开展一项基于丹麦国家出生队列中的巢式病例对照研究采集母体血浆测量了 7 种 PFAS [全氟辛烷磺酸盐（PFOS）、全氟辛酸铵（PFOA）、全氟己烷磺酸（PFHxS）、全氟庚烷磺酸（PFHpS）、全氟壬酸（PFNA）、全氟癸酸（PFDA）和全氟辛烷磺酸（PFOSA）] 的水平。将流产和每个 PFAS 的优势比（OR）和 95% 置信区间（CI）估计为连续变量或四分位数，控制母亲的年龄、产次、社会职业地位、吸烟和酒精摄入量、妊娠周血抽样，以及母亲流产史。观察到与 PFOA 和 PFHpS 水平增加相关的流产概率单调增加。比较最高 PFOA 或 PFHpS 四分位数与最低四分位数的 OR 分别为 2.2（95% CI：1.2，3.9）和 1.8（95% CI：1.0，3.2）。全氟己烷磺酸或全氟辛烷磺酸的第二或第三、第四分位数的 OR 值也有所升高。7 个 PFAS 的 WQS 指数的四分位间距（IQR）增量与流产概率增加 64% 相关（95% CI：1.15，2.34）。结果表明母亲暴露于较高水平的 PFOA、PFHpS 和 PFAS 混合物与流产风险相关，尤其是在经产妇中。

7.2.3 肝脏毒性

肝脏主要负责内源性和外源性物质的生物转化与代谢，同时也是蛋白质合成和解毒的主要器官，因此，POPs 对肝脏的毒性作用不可避免。Ji 等通过病例对照研究发现脂肪组织中积累了高水平的 β- 六氯环己烷（β-HCH）和 p′，p′- 二氯乙烯（p′,p′-DDE）。β-HCH 和 p′,p′-DDE 水平在胆结石患者的脂肪组织（294.3 ± 313.5 ng/g 和 2222 ± 2279 ng/g 脂质）中均显著高于无胆结石的对照组（282.7 ± 449.0 ng/g 和 2025 ± 2664 ng/g 脂质，$P < 0.01$）并且它们与胆结石疾病密切相关（趋势 P=0.0004 和 0.0138）。此外，脂肪组织中较高的 OCPs 导致肝脏胆固醇转运蛋白 ABCG5 和 G8 的表达增加（+34% 和 +27%，$P < 0.01$）和胆囊胆汁中更高的胆固醇饱和指数，并诱导肝脏脂肪酸合成，这在 HepG2 细胞中得到进一步证实。结果表明，OCPs 可能通过 ABCG5/G8 促进肝脏将胆固醇分泌到胆汁中，从而促进胆结石和脂肪生成。

Nian 等的队列研究结果显示，在超过 50% 的血清样本中检测到 13 种全氟辛烷磺酸。线性 PFOA 和分支 PFOA 的中值浓度分别为 6.08 ng/mL 和 0.06 ng/mL。

就全氟辛烷磺酸而言，线性全氟辛烷磺酸的中值浓度最高（11.37 ng/mL），其次是 3,4,5- 全氟辛烷磺酸（8.23 ng/mL）、异全氟辛烷磺酸（2.29 ng/mL）和 1- 全氟辛烷磺酸（1.31 ng/mL）。线性 PFAA 异构体和分支 PFAA 异构体之间存在很强的正相关性（rSp > 0.9）。此外，比较了政府工作人员和社区居民的血清全氟辛烷磺酸浓度和基本人口特征。结果显示，这些参与者之间的血清 PFAA 水平无显著差异。在回归模型中调整了不同的统计变量，研究观察到血清全氟辛烷磺酸和临床肝功能生物标志物之间的关联，表明全氟辛烷磺酸暴露会增加肝细胞损伤和胆汁淤积的风险。同时观察到支链全氟辛烷磺酸异构体暴露会增加临床不良肝细胞功能障碍的风险。

7.2.4　内分泌干扰作用

POPs 可以影响生物体的新陈代谢，干扰内分泌过程，最终引起如Ⅱ型糖尿病、代谢综合征等慢性代谢性疾病。Ⅱ型糖尿病是一种以胰岛素分泌不足为发病机制的疾病。大量流行病学与实验证据表明，六氯苯、PCDD/PCDFs 和 PCBs 等 POPs 可以诱导胰岛细胞凋亡，对胰岛细胞功能造成干扰，从而抑制胰岛素的产生，影响葡萄糖和胰岛素的代谢，是Ⅱ型糖尿病的危险因素。Kathrin Wolf 等通过研究包括 77 名糖尿病患者和 154 名年龄和性别匹配的 CARLA 糖代谢正常对照，以及 55 名糖尿病患者和 110 名 KORA 糖代谢正常的年龄和性别匹配的对照。对队列、BMI、胆固醇、酒精、吸烟、体力活动和父母糖尿病进行调整的条件逻辑回归评估了基线 POPs 浓度与糖尿病事件之间的关联。研究发现，与 PCB-138 和 PCB-153 的最低分位数（Q1）相比，最高分位数（Q4）患糖尿病的风险分别增加 50% 和 53%。

Mohammad L. Rahman 等进行的前瞻性队列研究结果显示，具有 6 个或更多氯原子的 PCBs 浓度较高与整个队列中 GDM 的风险增加有关［RR：1.08~1.13 每 1 标准差（SD）增量］和有家族史的女性 T2D（RR：1.08~1.48 每 1-SD 增量）或正常 BMI（RR：1.08~1.22 每 1-SD 增量）。对于由具有 ≥ 6 个氯原子的多氯联苯组成的化学网络以及总多氯联苯和非二噁英类多氯联苯的汇总测量，也观察到了类似的关联。此外，4 种 PFAS 同源物 [全氟壬酸（PFNA）、全氟辛酸（PFOA）、全氟庚酸（PFHpA）和全氟十二烷酸（PFDoDA）] 在有 T2D 家族史的女性中与 GDM 显著正相关（RR：1.22~3.18 每 1-SD 增量），环境暴露于重氯化 PCBs 和一些 PFAS 和 PBDEs 与 GDM 风险显著正相关。

Andreas Tornevi 等在瑞典北部人口的纵向数据中前瞻性地和横断面地评估了 POPs 如何与 T2D 相关，并进一步调查了与 POP 浓度个体变化相关的因素。对于按年龄、性别和采样日期匹配的 129 对病例对照，使用条件逻辑回归，调整体重指数（BMI）和血脂。在非糖尿病个体（$n=306$）中评估了 BMI、体重变化和血脂对 POPs 浓度纵向变化的影响。在前瞻性和横断面评估中，POPs 与 T2D 相关。在 POPs 的标准偏差增加中，$\sum$ NDL-PCBs 的预期 OR 范围为 1.42（95% CI：0.99，2.06）到 HCB 的 1.55（95% CI：1.01，2.38）（$P < 0.05$ 仅适用于 HCB），并且交叉 p,p′-DDE 的截面 OR 范围为 1.62（95% CI：1.13，2.32）到 $\sum$ DL-PCBs 的 2.06（95% CI：1.29，3.28）（所有 POPs 的 $P < 0.05$）。

在对非糖尿病个体的分析中，较高的基线 BMI、体重减轻和血脂浓度降低与 POPs 的下降较慢有关。除了较高的 BMI 外，与对照组相比，病例在随访时胆固醇和体重增加有所降低，这可以解释横断面评估中较高的 OR。

POPs 和 T2DM 之间的关联得到证实，但个体体脂史可能影响 POPs-T2DM 关联的迹象削弱了对因果关联的流行病学支持。它还需要基于生物监测以外的其他暴露指标进行研究。此外，如果 T2DM 病例成功干预体重和 / 或血脂，横断面设计会高估 OR，因为这些因素的变化会导致 POPs 的变化。

全世界越来越多的流行病学研究表明，接触 POPs 可能在 T2DM 的发展中起重要作用。Xu 等进行的病例对照研究。结果表明，在调整年龄、性别、BMI、甘油三酯和总胆固醇后，POPs 暴露与糖尿病风险显著正相关。

El Hadia Mansouri 等对 361 名受试者进行研究，在 GC-MS 上确定了所选生物标志物的血浆水平。考虑性别、年龄、BMI、糖尿病家族史、吸烟和高血压，进行逻辑回归以检查持久性有机污染物类别中糖尿病的患病率。糖尿病受试者的 POPs 血浆浓度高于非糖尿病受试者。在调整阿尔及利亚 Ⅱ 型糖尿病的已知危险因素后，以 OR（95% CI）表示的风险为 p,p′-DDE 的 12.58（4.76，33.26）、HCB 的 3.69（1.90，7.15）和 PCB153 的 2.28（1.20，4.39）。PCB138 和 PCB180 没有显示出显著的风险。该研究发现，环境暴露于某些持久性有机污染物与所研究样本中 Ⅱ 型糖尿病的风险增加有关。

7.2.5 甲状腺干扰作用

甲状腺激素（THs）调节人体中的一系列生物功能，包括新陈代谢和发育。THs 对正常的大脑发育至关重要，尤其是在胎儿时期。严重的母体和先天性甲状腺功能减退症与儿童神经发育受损有关，患有甲状腺功能减退症的胎儿伴有各种产后疾病，包括智力低下、耳聋和痉挛。即使在妊娠早期母体游离甲状腺素（T4）血液浓度降低相对较小，促甲状腺激素（TSH）浓度正常，也与儿童的认知发育受损有关。

桥本病或自身免疫性甲状腺功能减退的特征是甲状腺滤泡的自身免疫性破坏，导致甲状腺激素（THs）的产生和分泌减少。在 Graves 病或自身免疫性甲状腺功能亢进症中，抗体激活促甲状腺激素（TSH）受体。这些抗体刺激受体，从而导致甲状腺细胞的持续激活和 TH 的更高水平的产生和分泌。

Xu 等人将 2016 年至 2017 年期间，来自中国山东的 186 名被诊断患有甲状腺疾病的参与者和 186 名无甲状腺疾病的参与者被纳入病例对照研究。发现 POPs 暴露与甲状腺疾病的风险显著正相关。甲状腺疾病与 17 种 POPs 总和的关联遵循非单调剂量反应，调整后的 OR 为 2.09（95% CI：1.13~3.87，$P=0.019$）。在对照组的 186 名参与者中，POPs 的浓度与男性的三碘甲腺原氨酸（T3）、游离 T3（FT3）、甲状腺素（T4）和游离 T4（FT4）呈负相关，而与女性的 T4 和 FT4 呈正相关。综上所述，这些发现表明 POPs 暴露会破坏甲状腺激素稳态并增加甲状腺疾病的风险。

Jin 等人对 106 名韩国产妇在分娩时采集胎盘样本，采用亚硫酸氢盐焦磷酸测序法检测胎盘基因启动子甲基化情况。应用主成分分析（PCA）的多 POPs 模型来评估多种 POPs 暴露与胎盘表观遗传变化之间的关联。结果表明，在子宫内接触 DDT 可能会影响胎儿的 DNA 甲基化。DIO3 和 MCT8 胎盘中的基因，以性别二态的方式。胎盘表观遗传调控的这些改变可能部分解释了在新生儿或婴儿中观察到的甲状腺激素紊乱。

在子宫内暴露于 POPs 会导致甲状腺功能紊乱，从而影响胎儿和新生儿的发育。为了研究各种 POPs 的胎盘水平与甲状腺激素（THs）之间的关联。Li 等从出生时患有（$n=28$）和未患有（$n=30$）隐睾症的男婴的母体收集了 58 份胎盘样本。测量了多溴二苯醚（PBDEs）、多氯联苯（PCBs）、多氯二苯并对二噁英/呋喃（PCDD/PCDFs）、有机锡化学品（OTCs）、有机氯农药（OCPs）、T4、T3 和 rT3 的浓度。使用多元线性回归分析胎盘 THs 与各种 POPs 之间的关联。5 种多溴二苯醚，测量了 35 种 PCBs、14 种 PCDD/PCDFs、3 种 OTCs、25 种 OCPs、T4、T3 和 rT3。发现 T4 与 BDEs99、BDEs100、ΣPBDEs 和 2378-TeCDD

呈负相关，与 1234678-HpCDF 呈正相关；T3 与 2378-TeCDF 和 12378-PeCDF 呈正相关；rT3 与 PCB 81、12378-PeCDF 和 234678-HxCDF 呈正相关，与三丁基锡、∑OTCs 和甲氧基氯呈负相关。这些结果表明，POPs 暴露与胎盘中的 THs 水平相关，这可能是 POPs 暴露对儿童生长发育影响的可能机制。

一项前瞻性队列包含 386 名母亲和 410 名婴儿。使用高分辨率气相色谱法和高分辨率质谱法测量了在妊娠 23—41 周期间收集的母体血液中的 15 种二噁英和 70 种多氯联苯。用于测量促甲状腺激素（TSH）和游离甲状腺素（FT4）水平的血液样本分别来自妊娠早期母体和 4—7 天的新生儿。进行多元线性回归分析。PCB153 的总 PCBs 浓度中值分别为 104700 和 20500pg/g 脂质。中位总二噁英 -TEQ 为 13.8 pg/g 脂质。总二噁英 -TEQ、共面 PCBs 与新生儿 FT4 呈正相关（β 值分别为 0.224、0.206）。这种关联在男孩中更强（分别为 0.299、0.282）。几种 PCDD/PCDFs 和 PCBs 异构体也与新生儿 FT4 呈正相关。没有 DLC 分组或同系物与新生儿 TSH 相关。非邻位 PCBs 与母体 FT4 呈正相关。三个 PCBs 同源物与母体 TH 具有显著的正相关。结果表明，围产期暴露于背景水平的 DLCs 会增加新生儿 FT4，尤其是男孩。

7.2.6 呼吸道损伤

卤化持久性有机污染物（Hal-POPs）是室内环境中的重要污染物，与许多人类疾病有关。经呼吸道暴露于室内灰尘被认为是 Hal-POPs 暴露的主要途径，尤其是对于 3—6 岁的儿童。GE 等人的一项关于上海典型 Hal-POPs 暴露与儿童哮喘之间关联研究，收集了来自哮喘和非哮喘儿童之家（每个 $n=60$）的室内灰尘样本。通过 GC-MS 进行测量 PBDE、PCBs 和 OCPs。通过使用逻辑回归模型计算比值比（OR），研究了 Hal-POPs 暴露与哮喘发生之间的关联。发现通过室内灰尘接触 p,p′-DDE 可能会导致儿童哮喘的发生（OR=1.825，95% CI: 1.004，3.317；$P=0.048$）。

S Hansen 等人在一项队列研究种对 965 名孕妇血清中对 6 种 PCBs 同源物、六氯苯（HCB）和二氯二苯二氯乙烯（p,p′-DDE）进行定量（$n=872$）。对其后代进行临床检查，包括过敏性致敏（血清特异性 IgE $\geqslant 0.35$ kUA/L）（$n=418$）和肺功能（1 秒用力呼气量）的测量（FEV1）以及用力肺活量（FVC）]（$n=414$）。发现母亲的 POPs 浓度与后代气道阻塞呈正相关（FEV1/FVC < 75%）。与暴露于第一、第三分位数的后代相比，暴露于二噁英类 PCBs 的后代的 OR 为 2.96

（95% CI：1.14，7.70）。非二噁英类 PCBs、HCB 和 p,p′-DDE 的类似关联分别为 2.68（1.06，6.81）、2.63（1.07，6.46）和 2.87（1.09，7.57）。

7.2.7　循环系统损伤

P Monica Lind 等人在一项对 992 例 70—80 岁的老年群体进行的队列研究中，2 次在血浆中测量了 18 种持久性有机污染物。在 10 年的随访期间，高度氯化 PCBs 水平升高与死亡风险增加有关，主要为心血管疾病。研究样本最初包括 992 例 70 岁的老年人［497 例男性（50.1%）］，他们在 2001 年至 2004 年期间接受了检查。在 5 年后的第二次检查中，对 814 例［82.1%；其中 412 例女性（50.7%）］完成了随访。在 10 年的随访期间，发生了 158 例死亡。使用 Cox 比例风险分析将 70 岁和 75 岁老年人群的 POPs 水平与全因死亡率相关联时，发现六氯至八氯取代（高度氯化）多氯联苯与全因死亡率之间存在显著关联。该研究表明，高氯化 PCBs 的血浆浓度与全因死亡率有关，同时在死于心血管疾病的研究参与者中最为明显。

7.2.8　发育毒性

Marie Harthoj Hjermitslev 等人对格陵兰孕妇的血清 POPs 水平与其婴儿出生时的对比研究发现，两亲性 PFOA 与胎儿生长指数呈显著负相关，而 GA 呈正相关。数据表明 POPs 对胎儿生长有负面影响。

Raúl Cabrera-Rodríguez 等人进行的横断面研究包括 2016 年在拉帕尔马岛（西班牙加那利群岛）登记的 87% 的新生儿（n=447），旨在评估各种持久性有机污染物对新生儿的潜在不利健康影响。该研究使用气相色谱法量化了 20 种有机氯农药、18 种多氯联苯（PCBs）、8 种溴二苯醚（PBDEs）和 16 种多环芳烃（PAHs）的脐带血浓度。按组别，p,p′-DDE、PCB-28、BDE-47 和菲是最常检测到的化合物（中值分别为 0.148 ng/mL、0.107 ng/mL、0.065 ng/mL 和 0.380 ng/mL）。p,p′-DDE 被发现与新生儿出生体重的增加显著相关，尤其是女孩。同时还观察到 PCB-28 和 PCB-52 与出生体重呈负相关。

流行病学研究与实验证据表明，大多数 POPs 能够表现出以上所述的各种毒性。PCDD/PCDFs、PCBs、PBDEs、PAE 等大多数 POPs 都具有内分泌干扰作用，可以改变体内激素水平的稳态，最终引起生殖毒性、内分泌紊乱及致癌性等。上述的 POPs 还能激活氧化应激通路、核因子受体通路等，诱导机体产生多种病理过程，对系统及器官造成损伤。目前，有证据表明 PCDD/PCDTs、PCBs

等 POPs 与儿童持久过敏症、儿童哮喘、高血压等均存在关联。对于联合暴露的机制仍然需要进一步研究，以制订更加完善的预防计划。未来可以加强联合作用方面的研究，将公共卫生与基础医学的研究方法相结合，建立更为优越的研究方法，用以评价 POPs 与其他环境污染物混合暴露的联合毒性。

8 矿山污染与健康损害

8.1 镉

镉（Cadmium）是一种有毒的过渡重金属，广泛存在于自然界、工业活动和农业生产中。有色金属开采、提炼、制造和应用、化石燃料燃烧以及废物焚烧和处置是环境中镉污染的主要来源。在农业生产中，肥料、杀虫剂和农场污水排放也可造成镉污染。农业生产过程中产生的镉可通过空气、水和土壤等环境介质被植物和动物吸收、富集。人类可以通过多种途径接触镉，如吸入、饮水、摄食以及经皮肤直接接触，其中饮食摄入约占 90%。此外，烟草是吸烟者镉暴露的一个重要来源。镉的半衰期为 10—30 年，进入人体后在多个器官组织内富集，对人体健康产生广泛和长期的不良影响。美国环境保护署（Environmental Protection Agency，EPA）将镉列为 126 种优先污染物之一，国际癌症研究机构（International Agency for Researchon Cancer，IARC）也将镉列为一类致癌物（即对人类致癌）。本节将对镉导致人体多个系统健康损害进行综述。

（1）运动系统损害

骨骼是镉中毒的靶器官之一，慢性高镉暴露可导致骨骼的严重损害。对镉累积摄入量与人群骨质疏松症和骨折发生风险之间的关系的研究发现，镉污染区内受试者骨质疏松症和骨折的发病率高于对照区。已有研究表明，尿镉浓度与骨质疏松症发病率呈正相关。镉可增加骨吸收，影响破骨细胞的活性和钙的吸收，加速骨质疏松症的病情进展。此外，镉暴露还可以促进类风湿性关节炎和骨关节炎等疾病的发生发展。

镉还可以对肌肉造成损害，高镉暴露下可导致肌肉无力、萎缩等症状。一项横断面研究采集了 4197 名受试者的握力值、血液和尿液，并检测其中镉的浓度。经社会人口学特征、机体生化指标、健康相关行为、临床风险因素和血清肌酸磷酸激酶浓度调整后发现，血镉和肌酐校正尿镉均与握力下降相关。握力下降是全因死亡率的一个强有力的预测因素，具有一定的公共健康意义。

（2）消化系统损害

镉暴露可引起肝脏损伤。流行病学研究表明，镉暴露与中年人群非酒精性脂肪性肝病的流行有关。一项模拟中年人群肝脏镉沉积的慢性镉暴露小鼠模型发现，镉暴露可诱导非酒精性脂肪性肝病和非酒精性脂肪性肝炎样表型。镉暴露导致肝脏中沉默调节蛋白 1 信号通路显著抑制，出现肝线粒体功能障碍和脂肪酸氧化缺乏，造成肝脏的损害。还有研究发现，动态相关蛋白 1 和视网膜母细胞瘤蛋白相互作用，可以促进肝细胞线粒体易位，引起肝细胞坏死和肝损伤。

镉暴露可导致多种消化器官癌性病变。有研究称，镉暴露致食管癌的机制为镉诱导的食管细胞系细胞周期蛋白依赖性激酶 6 的上调导致丙酮酸激酶 M2 过度磷酸化从而抑制丙酮酸激酶活性，进而将葡萄糖衍生的碳分流到戊糖磷酸途径中，并促进烟酰胺腺嘌呤二核苷酸磷酸和还原型谷胱甘肽的产生以中和活性氧，最终抑制细胞凋亡。

胰腺镉水平与胰腺癌风险增加相关且存在剂量 - 反应关系，高镉暴露受试者患恶性肿瘤的风险显著升高。体外实验显示，与凋亡相关的含半胱氨酸的天冬氨酸蛋白水解酶 3/7 活性降低，抑制细胞凋亡，在细胞癌变过程中发挥了重要作用。此外，镉暴露后胰腺癌进展中涉及的主要毒性机制有：细胞氧化还原状态的改变和自由基的产生、正常细胞存活所需的凋亡途径的变化和干扰 DNA 和 RNA 正常和重要功能的表观遗传变化。

镉的积累可能会增加患肝癌的风险。镉诱导的肝细胞恶性转化中获得凋亡抗性的重要机制可能是金属硫蛋白的过度表达抑制了应激活化蛋白激酶途径。通过对肝癌发展过程中基因表达分析后，发现 SLC7A11 和 ITGA2 基因可能在镉诱导的肝细胞损伤、转化和肝癌的发生进展中起作用。

（3）呼吸系统损害

镉暴露会导致肺损伤，引起肺部炎症、肺气肿、肺纤维化乃至肺癌等肺部疾病。有研究表明相对较低的镉暴露通过激活 SMAD2/SMAD3/SMAD4 依赖性信号，刺激肺纤维化信号传导和肌成纤维细胞分化。镉在肺内的蓄积影响细胞内信号传递，导致宿主防御功能受损，细菌感染的敏感性增加，从而导致慢性炎症、纤维化和肺气肿等疾病。慢性镉暴露后肺细胞 DNA 修复基因表达异常，DNA 修复能力降低，对化疗药物和 DNA 损伤剂更敏感。膳食摄入造成的镉负荷可以加重呼吸道合胞病毒感染和与线粒体代谢紊乱相关的严重疾病。肺癌是镉暴露导致的严重后果，研究表明甘油三酯相互作用因子在镉暴露诱导的肺癌细胞侵袭和迁移中起着至关重要的作用。

（4）泌尿系统损害

肾小管损伤可导致尿中出现高水平尿 –N– 乙酰 –β–D– 葡萄糖苷酶或 β2– 微球蛋白。研究发现，中、高尿镉组肾小管损伤的风险高于低尿镉组，镉暴露可导致肾小管损伤，没有发现尿镉水平与肾小球功能障碍患病率之间的关联。UBE2D 家族基因的下调和 p53 蛋白在近端肾小管细胞的积聚可能在镉诱导肾毒性的机制方面发挥了重要作用。

镉暴露与前列腺癌增生性病变之间存在联系，人类前列腺细胞体外研究也证实了镉在诱发恶性肿瘤中的作用。通过探索镉诱导的前列腺癌相关的分子机制，提示 Erk/MAPK 信号是镉诱导正常前列腺细胞恶性转化的主要途径。在高浓度镉暴露的工作环境中，镉是前列腺癌的一个危险因素。但是，一项 Meta 分析结果表明，目前还没有确凿的证据支持镉暴露与普通人群或职业人群前列腺癌风险之间的正相关关系，尽管如此，仍然不能否定镉暴露与前列腺癌之间的关联。

（5）生殖系统损害

镉暴露可影响精子质量参数和受精能力，长期持续镉暴露可导致精子活力降低，而短期（30min）接触镉不会影响精子活力，但会显著降低体外受精率。精子活力的降低可能是 Cd^{2+} 抑制了精子活力相关的精子 ATP 酶活性。此外，精子活力下降还可能与镉抑制精子代谢中糖原磷酸化酶、葡萄糖 –6– 磷酸酶、果糖 –1，6– 二膦酸酶、葡萄糖 –6– 磷酸异构酶、淀粉酶以及乳酸和琥珀酸脱氢酶等关键酶的活性有关。研究显示，精液中高水平的镉与不孕症存在关联，镉暴露是导致精子质量低下的一个危险因素。

镉对女性生殖系统的影响包括类固醇生成的改变、青春期月经初潮的延迟、妊娠丢失、月经失调、激素损伤、早产和出生体重减轻等。孕期接触镉不仅影响胎盘的形成和功能，还会导致胎盘和胚胎中基因的异常甲基化，并随后改变 DNA 甲基转移酶的活性，改变早期胚胎阶段的关键发育过程，导致胎儿发育受阻或身体某些功能的改变。妊娠晚期镉暴露可抑制胎盘孕酮合成，损害胎盘血管发育，从而导致胎儿生长受限。孕妇在孕期暴露于镉与孕周缩短和产后出血可能性增加有关，影响胎儿的正常生长发育，也给孕妇的健康带来了损害。研究发现，产前镉暴露可能会增加分娩早产以及低出生体重婴儿的风险。

研究发现，较高镉暴露与子宫内膜癌风险的增加显著相关。乳腺干细胞和祖细胞是乳腺恶性转化过程侵袭的目标，雌激素受体－α 的过度表达是雌激素受体阳性乳腺癌发展的第一个事件，表明子宫内暴露使乳腺易于发生恶性转化。子宫内镉暴露会增加干 / 祖细胞、细胞密度和雌激素受体－α 的表达，这可能会增加患乳腺癌的风险。

（6）内分泌系统损害

镉暴露可增加人群患糖尿病的风险。镉暴露可通过增加胰岛素抵抗和破坏 β 细胞功能引起糖尿病；与活性氧形成增加和抗氧化剂耗竭相关，导致氧化应激；诱导异常小的脂肪细胞，并以不同于生理小脂肪细胞的方式调节脂肪因子的表达，并可能加速发展为胰岛素抵抗和糖尿病。研究发现，镉暴露与糖尿病患病率显著相关。此外，镉暴露会增加孕妇患妊娠期糖尿病的风险，孕妇应避免镉暴露。镉负荷可改变青少年的血糖稳态，氧化应激在镉诱导的胰岛素抵抗中起着关键作用，这种胰岛素抵抗可能在年龄较大时加重，增加发生代谢紊乱的风险。

一项横断面研究探究了血清尿酸和镉暴露之间的关系，对估计肾小球滤过率、当前吸烟状况、糖尿病、血脂异常、高血压和体重指数进行调整后，结果显示血镉浓度与男性血清尿酸水平和高尿酸血症均呈正相关，而与女性无相关性。

镉暴露对性激素和皮质类固醇合成有独立的影响，镉暴露可促进雄激素和皮质类固醇的分泌，对糖皮质激素和盐皮质激素的产生有相互依赖的影响。血镉水平与血清游离甲状腺素水平呈负相关，镉暴露增加了甲状腺功能减退的患病率，并且存在性别差异。此外，甲状腺组织中的慢性镉积累是甲状腺癌进展的危险因素之一，较高水平的镉暴露可能与晚期甲状腺癌发生发展有关。

（7）免疫系统损害

镉暴露可对人体免疫产生不利影响。镉暴露可引起 T 辅助记忆细胞减少，且在女性中表现更为明显，影响人体免疫细胞的脂肪酸组成及其功能。镉导致 THP-1 巨噬细胞脂肪酸水平的显著变化，破坏其组成，这可能使脂肪酸 / 脂质代谢失调，从而影响巨噬细胞的行为和炎症反应状态。研究表明，镉诱导自噬、促进免疫细胞凋亡，且镉诱导的 VMP1 表达、自噬和凋亡依赖于 Ca^{2+} 和活性氧的升高。

（8）神经系统损害

镉暴露可对神经系统产生不利影响。研究发现，儿童期镉暴露与男孩智力低下有关，亲社会行为能力降低在产前和儿童期高镉暴露的女孩中表现较为明显；血液中镉含量增加与60岁及以上的老年人认知障碍风险的增加有关；孕妇产前低水平镉暴露对婴儿神经发育有不利影响，可能与镉暴露导致的脑源性神经营养因子水平下降有关。此外，镉暴露还与老年人抑郁有关。

（9）循环系统损害

镉暴露对动脉粥样硬化的形成有促进作用，此作用可通过多种机制发生，包括氧化应激、炎症、内皮功能障碍、脂质合成增强、黏附分子上调、前列腺素失衡以及糖胺聚糖合成改变等。研究发现，镉暴露可以改变内皮细胞中性激素受体的表达和功能，影响与促炎状态相关的类固醇激素受体信号，导致内皮细胞损伤和血管功能障碍，使镉暴露个体发生动脉粥样硬化的风险增加。

镉暴露是缺血性中风的独立危险因素，通过增加颈动脉斑块的脆弱性，从而增加破裂和缺血性中风的风险。

镉暴露可能是心血管不良结果的危险因素。镉通过改变心血管结构和功能影响心血管系统，损伤内皮细胞和血管平滑肌细胞。此外，镉暴露与女性心力衰竭死亡率和非致命性心力衰竭事件的增加有关。一项横断面研究中，在对吸烟状况和其他混杂变量进行调整后，发现镉生物标志物浓度与心绞痛患病率呈正相关。此外，镉暴露也是高血压的危险因素，还会引起铁代谢异常，导致贫血。

（10）感觉系统损害

感觉系统包括视觉、听觉、触觉、味觉以及嗅觉相关的系统，镉暴露可影响感觉系统的正常功能。镉暴露与味觉和嗅觉功能障碍之间存在显著相关性。一项横断面研究分析了血液镉水平和耳鼻喉科医生诊断的慢性中耳炎（COM）之间的关系，校正潜在混杂因素后，结果表明环境镉暴露与COM风险增加有关。黄斑区是视网膜的一个重要区域，位于眼后极部，主要与精细视觉及色觉等视功能有关。一旦黄斑区出现病变，常常表现视力下降、眼前黑影或视物变形。镉暴露可增加老年性黄斑变性的风险，患者生活不能自理，存在极大的生理和心理负担。此外，镉暴露还与皮肤黑色素瘤和银屑病等皮肤病病情的发生和进展有关。

8.2 铅

铅是一种有毒的重金属材料,广泛应用于铅汽油、油漆、陶瓷、焊料、水管、染发剂、化妆品、飞机、农业设备、屏蔽设备等。因其在环境中的持久性和迁移性等特点,可造成空气、水和土壤的广泛污染。人类可通过吸入、饮水、摄食和经皮肤吸收等途径摄入铅。进入人体的铅积聚在血液和骨骼中,随血液循环流动而分布到全身各组织和器官中。人体对铅的排泄能力很差,从而影响生殖、肝脏、内分泌、免疫和胃肠系统等功能。本节将对铅暴露导致的人体多个系统健康损害进行综述。

（1）运动系统损害

人体内铅大部分沉积于骨骼中,通过影响维生素D_3的合成,抑制钙的吸收,作用于成骨细胞和破骨细胞,引起骨代谢紊乱,发生骨质疏松。骨质疏松症是一种骨骼疾病,导致骨量减少、骨骼脆弱,易发生骨折。研究发现,高水平铅暴露与骨密度下降和骨质疏松症患病率增加有关,有吸烟史的人群患病率相对更高；铅还可导致膝关节骨性关节炎的发生。高铅暴露可影响青春期前后青少年的生长发育,与较矮的身高水平有关。此外,发生骨丢失时铅从骨中释放入血,可对各大系统造成长期持久的毒性作用。

（2）消化系统损害

铅对胃肠道有一定的损害作用,可直接作用于平滑肌,抑制其自主运动,并使其张力增高引起腹痛、腹泻、便秘、消化不良等胃肠机能紊乱。

人类暴露于低水平铅化合物可引起肝脏增大、脂质过氧化和炎症反应,其特征为胆管内中度胆汁淤积,但未见肝细胞坏死性损伤。铅可增加肝脏代谢负担,诱发肝功能异常。完整肝细胞对铅毒性有一定保护作用,但急性铅中毒时肝混合功能氧化酶系及细胞色素P450水平下降,导致肝脏解毒功能受损,出现病变。

高密度脂蛋白胆固醇（HDL-C）主要在肝脏合成,是一种抗动脉粥样硬化的脂蛋白。铅可通过直接形成活性氧、耗尽谷胱甘肽以及降低细胞抗氧化防御系统来刺激氧化应激,而氧化应激与HDL-C浓度降低有关,从而增加了患心血管疾病的风险。

此外，有研究发现职业铅暴露与食管癌和肝癌的发病有一定的关联，其可能推动了消化系统癌症的疾病进展。

（3）呼吸系统损害

铅暴露与呼吸功能有关。研究发现，在铅接触工人中，血铅水平升高与肺功能降低显著相关；电池制造工人的肺功能用力呼气容积、肺活量和用力肺活量值显著降低。肺是铅暴露的主要靶器官之一。铅的积累可促进活性氧的产生，并引起肺的氧化应激。铅暴露也可触发炎症细胞因子的表达，并诱发类似哮喘的呼吸变化。同时，铅暴露可引起异常的免疫调节作用，导致 IgE 水平升高，从而引发各种慢性呼吸道疾病。慢性阻塞性肺疾病（COPD）是一种常见的呼吸系统疾病且发病机制与气体交换和血管生物学的改变，以及肺血管系统的结构变化和机械因素有关，铅暴露加速了肺血管疾病的发生，促进了 COPD 的病情进展。此外，动物实验证实，铅暴露与肺气肿和肺纤维化有关。

（4）泌尿系统损害

长期铅暴露可导致肾功能降低，慢性肾病发病率升高。随着时间的延长，肾脏损害加重，肾小球滤过、肾小管的排泄及重吸收功能受损，出现氨基酸尿、糖尿、痛风，晚期甚至出现肾功能衰竭。低水平血铅对肾小管上皮细胞造成损伤，抑制 ATP 活性，导致肾小管重吸收功能障碍；铅暴露还可抑制肾小管上皮细胞的生存能力，促进细胞凋亡和凋亡相关基因的表达。此外，有研究发现，妊娠晚期铅暴露与学龄前儿童肾脏体积呈负相关，影响后代健康。

（5）生殖系统损害

铅暴露可影响男性生殖功能，导致精子畸形。低水平铅暴露可通过降低总睾酮或总睾酮／黄体生成素比值以及增加雌二醇和孕酮，对精液浓度、活力和数量产生有害影响。环境和职业接触铅可能对下丘脑－垂体－睾丸轴产生不利影响，损害精子的发育。铅诱导氧化应激而产生过量的活性氧可能会影响精子的活力、能动性、DNA 断裂、膜脂过氧化、获能、超活化、顶体反应和精子－卵母细胞融合的趋化性，影响受精过程。

孕妇铅暴露会导致女性生殖系统损害的风险增加。通过评估尿铅水平与早产和早期分娩风险之间的关系，研究发现，随着胎儿铅暴露的增加，早产的风险可能会增加。即使血液中的铅含量很低也可能对女性的生殖系统有害，严重时可引起不孕。此外，铅可诱导血管收缩、胎盘缺血或对内皮细胞和肾功能产生直接毒性而导致先兆子痫。铅暴露是先兆子痫的危险因素，故孕妇应积极避免铅暴露。

（6）内分泌系统损害

孕妇甲状腺功能减退可增加新生儿和产科不良结局的风险，影响儿童的智力发育。长期铅暴露可通过刺激甲状腺自身免疫而导致母体甲状腺功能障碍。皮质醇是从肾上腺皮质中提取出的，是对糖类代谢具有强作用的肾上腺皮质激素，铅暴露可导致皮质醇功能失调，影响正常的代谢过程。长期铅暴露与催乳素、瘦素和骨桥蛋白水平显著降低有关，而短期铅暴露不会引起这些激素水平的变化。卵泡抑素水平不受慢性和亚急性铅暴露的影响。铅暴露导致的激素水平的变化可能会干扰人体的许多功能，包括免疫反应、新陈代谢、生殖功能和骨骼发育。此外，研究发现，较高的产前和儿童早期铅暴露可能与青春期发育迟缓有关。

孕妇铅暴露可能与子代超重或肥胖发病率增加有关，适当地补充叶酸可能减轻与孕妇铅暴露有关的超重或肥胖风险。此外，研究发现，血铅水平与女性的体重指数和肥胖呈正相关。

痛风是一种单钠尿酸盐沉积所致的晶体相关性关节病，与嘌呤代谢紊乱及尿酸排泄减少所致的高尿酸血症直接相关。低水平铅暴露与痛风发病率显著升高有关。

（7）免疫系统损害

环境毒物铅对免疫系统有不利影响，铅暴露影响了人群的免疫防御或正常功能。巨噬细胞是关键的先天免疫细胞。铅可降低巨噬细胞的吞噬作用和趋化性，影响成熟巨噬细胞的一氧化氮生成和类花生酸代谢。用铅预处理巨噬细胞可增加脂多糖体外刺激后肿瘤坏死因子 $-\alpha$ 的分泌，铅暴露也可降低其对细胞内病原体的杀灭作用。动物研究发现，低浓度铅暴露也会导致红细胞吞噬功能增强，使杀死细胞内病原体所必需的干扰素 $-\gamma$ 诱导的 GTPases、p65-GBP 和 p47-IRG 的表达降低。

自身免疫性疾病的潜在致病机制是自身抗体的产生。血铅水平升高与自闭症儿童抗核糖体 P 蛋白抗体的产生有关。研究发现，血清铅水平与总 IgE 水平呈正相关，总 IgE 水平升高与发生哮喘等过敏性疾病和更严重症状的风险增加有关。

此外，慢性铅暴露儿童在接种疫苗后未能对肝炎产生足够的免疫力，机体免疫系统的免疫反应降低。

（8）神经系统损害

铅毒性的主要目标是人体的中枢神经系统。铅中毒与脑损伤、神经受损、智力迟钝、行为问题、发育迟缓、认知功能受损、感觉器官功能异常和高水平暴露下的死亡有关。

铅暴露对大脑的毒性损伤是退行性的，导致认知功能下降的速度加快、阿尔茨海默病和帕金森病发病率升高。许多神经退行性疾病的神经元中都存有微管相关蛋白 tau（MAPT）组成的纤维样病变。暴露于环境毒物铅可能导致 tau 蛋白水平的增加以及 tau 的位点特异性过度磷酸化，导致 tau 聚合、神经元功能障碍和死亡。产前铅暴露可能影响与阿尔茨海默病发病相关的 β- 淀粉样蛋白相关的生物途径。此外，研究发现，持续较高的铅暴露与肌萎缩性侧索硬化和多发性硬化症的发病存在关联。

儿童铅暴露的研究表明，早期铅暴露相关的认知功能和智商水平缺陷持续存在，并伴随着成年期的增强；儿童时期铅暴露可能会对成年后的心理健康和性格产生长期不利影响。职业和环境铅暴露显著损害成人的认知能力和感觉运动功能。

（9）循环系统损害

研究发现，慢性铅暴露可导致左心室肥厚、心律变化、内皮功能障碍、动脉粥样硬化和心血管疾病死亡率升高。铅暴露与心血管疾病的发病率升高有关。

血中甘油三酯的水平升高、小而致密的低密度脂蛋白的存在和脂蛋白（a）浓度的增加导致的血脂紊乱为心血管疾病的主要潜在危险因素。铅暴露人群中，铅及其化合物在脂质分布中起促动脉粥样硬化作用。同型半胱氨酸可通过损害血管内皮和平滑肌功能导致血管损伤。因此，铅诱导的高同型半胱氨酸血症可能参与了心血管疾病的发病机制。此外，铅的神经毒性效应会干扰心脏的自主神经控制。

长期铅暴露导致动脉高血压的分子机制包括由铅离子与血管壁直接相互作用引起的肌肉和内皮层的生理变化、肾素 – 血管紧张素 – 醛固酮系统的紊乱、激肽释放酶 – 激肽系统的异常、交感神经系统的刺激以及由于儿茶酚胺产生增加和活性氧过度合成引起的高反应性。

血中锌原卟啉含量为铅中毒的指标。铅暴露为脉压增加和动脉高血压人群中左心室肥厚的危险因素。脉压增加是职业铅暴露人群心血管并发症发病率升高和严重程度增加的主要原因，职业铅暴露的动脉高血压患者比未接触铅的动脉高血压患者易出现更严重和更频繁的心血管并发症。此外，孕妇产前铅暴露在儿童早期血压升高中具有潜在作用。

急性铅暴露可导致红细胞膜渗透和脆性增加、脾脏破坏，诱导红细胞溶血，并减少血红蛋白合成。长期接触铅会影响血红素的合成，损害血红蛋白的抗菌活性。铅暴露可以通过三磷酸腺苷的耗竭而诱发磷脂酰丝氨酸（PS）暴露和细胞微泡的产生，铅诱导的红细胞的 PS 暴露和吞噬作用可导致贫血。长期铅暴露可能对血液形态、血红蛋白生物合成和补体受体 1 水平造成不利影响，这可能对学龄前儿童的红细胞免疫造成不可忽视的威胁。癌症患者红细胞黏附分子 CD44 和 CD58 的表达明显低于健康个体，这表明 CD44 和 CD58 的数量与肿瘤转移和恶化的程度有关，慢性铅暴露可损害红细胞 CD44 和 CD58 的表达。

（10）感觉系统损害

妊娠晚期低水平的铅暴露对胎儿生命早期的感觉系统髓鞘形成也有负面影响。听觉和视觉系统髓鞘在妊娠晚期开始形成，在婴儿期迅速成熟。胎儿期较高的铅暴露导致婴儿的听觉和视觉系统发育迟缓，甚至处于相对较低的水平。慢性铅暴露还可导致人体眼部视网膜神经纤维层厚度、黄斑厚度和脉络膜厚度的下降。此外，慢性铅暴露可导致氧化应激，会直接损害视神经，并干扰眼睛排出多余房水的能力，引起原发性开角型青光眼的发病率升高。

8.3 汞

汞是一种广泛存在的重金属，对人类健康具有潜在的严重影响。人类活动是汞排放的主要来源，尤其是燃煤、工业加工、废物焚烧以及采矿活动。自然来源的汞可通过如火山活动、岩石风化、地质汞沉积和海洋挥发等途径释放到环境中。人类可通过吸入、饮水、摄食和经皮肤吸收等途径暴露于元素汞、无机汞和有机汞化合物多种化学形式的汞。汞对人体和其他生物的毒性影响取决于汞的化学形式、剂量、接触途径以及暴露者的敏感性。本节将对汞暴露导致的人体多个系统健康损害进行综述。

（1）运动系统损害

长期汞暴露可导致人体运动系统损伤。慢性汞中毒会导致一些神经肌肉症状，如肌肉无力、疲劳和颤动。此外，汞还可引起神经性疼痛，如肢体疼痛和麻木。

（2）消化系统损害

汞暴露可引起唾液分泌过多、牙龈炎症、口腔、唇和颊黏膜溃疡等症状。口服中毒可出现全腹痛、腹泻、排黏液便或血便，严重者可因胃肠穿孔导致泛发性腹膜炎，可因失水等原因出现休克。汞中毒可引起肝脏损害，导致肝炎、肝功能异常和肝脏肿大，严重时可导致急性肝衰竭。

研究表明，发汞浓度与慢性胃炎的严重程度呈正相关。体内汞浓度的不断升高可能反映了正常胃向浅表性胃炎和萎缩性胃炎的发展。发汞的检测有可能成为预测慢性胃炎严重程度的一种手段，并可能指示汞暴露对人类健康的威胁，如导致胃炎、胃癌。胰腺癌患者的胰腺、腺泡和导管周围细胞中汞浓度高于非胰腺癌患者。汞具有基因毒性效应，汞暴露可能会促进胰腺癌发病。

（3）呼吸系统损害

急性汞中毒可导致严重的呼吸道症状，如咳嗽、咳痰、胸痛、呼吸困难和发绀等。研究发现，经呼吸道汞暴露可对人体肺部造成损害，肺功能与头发中的汞含量呈负相关。明显的肺部受累还可导致间质性肺炎或气胸。

汞暴露导致机体应对氧化应激的能力受损，由于氧化应激水平升高和抗氧化功能的降低，通常会导致炎症反应，抗炎能力受到干扰可能会降低儿童对空气污染物的防御能力，并引发慢性气道炎症和哮喘等。低水平的血液汞浓度与儿童患哮喘的风险增加有关。

（4）泌尿系统损害

肾脏是汞积累和排泄的主要器官，肾脏汞暴露会导致肾小球和肾小管损伤。汞中毒相关的最常见的肾脏受累形式有多发性骨髓瘤、微小病变疾病、肾小管间质性肾炎、慢性增生性肾小球肾炎、急性肾小管坏死和局灶节段性肾小球硬化等。

汞在近端管状细胞内积累可诱导氧化应激，并对负责减少氧化应激和管理细胞内解毒的酶产生不利影响。长期接触汞会降低肾脏中参与解毒和减少氧化应激的蛋白质的表达。这些保护机制的减少可能会进一步增加细胞对汞等毒物中毒和损伤的敏感性。肾细胞暴露于各种汞，随后诱导细胞内氧化应激，也可能引发线粒体损伤和功能障碍，导致整体细胞活力下降。

老化肾脏可能比正常肾脏对汞的反应更敏感。由于汞暴露的许多有害细胞效应类似于衰老引起的效应，老化的肾脏暴露于汞可能导致协同效应，导致近端肾小管细胞毒效应增加。研究发现，重复接触美白化妆品中的无机汞通常会导致微小病变疾病或膜性肾病，从而导致肾病综合征。

（5）生殖系统损害

汞暴露会损害精子质量。汞诱导了氧化应激，破坏了精子膜和精子质量，对精子的生育能力产生了不利影响。男性的非职业环境暴露汞与精子印记基因 H19 的 DNA 甲基化结果改变有关，发育中的精子对汞暴露损伤具有易感性。一项动物研究证明精子中异常的 DNA 甲基化与生育能力改变、异常的胚胎发育之间存在联系。汞容易在睾丸中积累，导致汞诱导的氧化应激从而抑制精子中的 DNA 甲基转移酶活性。

汞会对女性生殖系统造成损害。高汞暴露与不利的生殖结果有关，可引起自然流产、畸形和月经失调率增加。汞可能是一种内分泌干扰物，导致分泌激素紊乱，从而引起卵巢功能下降，损害生育能力。妊娠早期汞暴露可能是低出生体重的一个高危因素。母体血液中的汞很容易穿过胎盘引起胎盘变化，调节胎盘功能并干扰营养物质从母体向胎儿的转运。

汞通过降低两种主要抗氧化酶，即谷胱甘肽过氧化物酶和超氧化物歧化酶的活性来诱发氧化应激，氧化应激可能导致内皮损伤并阻止胎盘血管形成，随后导致自然流产。胎盘组织中的氧化应激或氧化/抗氧化活性失衡可能是胎盘相关疾病发生的关键因素。汞诱导的氧化应激可能通过影响胎盘功能而干扰子宫内胎儿的正常生长。研究表明，产前暴露于高浓度甲基汞与胎盘侧胎儿纤连蛋白磷酸化减少有关。

（6）内分泌系统损害

低水平的汞暴露可以影响甲状腺功能状态。孕妇游离甲状腺素水平可因汞暴露而降低，发育中的胎儿特别容易受到甲状腺激素供应不足的影响。此外，甲基汞暴露可降低孕妇的三碘甲状腺原氨酸水平。早期高汞暴露的人在晚年可能有更高的患糖尿病风险，汞暴露与糖尿病发病率的增加呈剂量－反应关系。甲基汞暴露显著降低了胰岛 β 细胞系的细胞活力，并导致胰岛 β 细胞功能障碍，这可能促进糖尿病的发展。汞暴露导致的氧化应激可影响胰岛 β 细胞功能和活性。动物实验表明，即使是低剂量的汞暴露也会通过诱导氧化应激和磷脂酰肌醇 3– 激酶激活而导致胰岛 β 细胞功能障碍。甲基汞还可通过诱导氧化应激触发胰岛 β 细胞凋亡和死亡。此外，总汞暴露的增加可能增加患代谢综合征、脂质代谢异常和肥胖的风险。

（7）免疫系统损害

汞产生的毒性可导致免疫过程的破坏以及与该系统相关的病理改变。低汞暴露会对人体中的流动单核细胞和自然杀伤细胞造成明显损害。汞诱导的自身免疫与多克隆 B 细胞的自发激活有关。体外研究表明，与无机汞相比，甲基汞和乙基汞对淋巴细胞均存在抑制作用。

汞暴露可诱导遗传易感性、抗原暴露和感染的相互作用而导致自身免疫性疾病。慢性低汞暴露可能引发局部和全身炎症，甚至加剧自身免疫患者已经存在的自身免疫反应，还可导致有自身免疫性疾病和过敏性疾病史的患者淋巴细胞刺激升高。汞暴露可引发免疫反应功能障碍，并加重与血清自身抗体滴度升高相关的免疫毒性效应。汞与血清中几种自身抗体的滴度升高有关。这些抗体在调节促炎和抗炎细胞因子、危险信号和氧化应激信号方面发挥着重要的作用，其失调将会引起自身免疫性疾病如类风湿性关节炎和多发性硬化。

（8）神经系统损害

慢性汞暴露与神经症状之间存在显著相关性，可能导致易怒、疲劳、行为改变、震颤、头痛、听力和认知障碍、注意力缺陷以及记忆丧失等症状。汞化合物中，甲基汞是造成人类神经系统改变的重要原因。甲基汞在中枢神经系统中引起的大多数损伤与其增加活性氧的能力有关。甲基汞中毒可引起慢性神经系统疾病，导致大脑中的神经元损伤，特别是涉及大脑皮层和小脑中的颗粒细胞，其导致的常见特征包括由于钙脊皮层的参与导致的视野收缩、由于体感皮层的参与导致的感觉障碍以及由于小脑颗粒细胞神经元的参与导致的小脑性共济失调。甲基汞穿过血脑屏障后去甲基化形成汞离子可对神经产生毒性作用。汞离子在大脑皮层、小脑、基底神经节和边缘区域积累。汞离子对巯基有很高的亲和力，影响含巯基的酶和受体，导致细胞凋亡、细胞骨架损伤以及区域钙离子和氧自由基的超载。实验室和动物研究表明，汞离子选择性抑制突触谷氨酸再摄取，导致神经毒性；引起离子通道、膜、轴突和髓鞘变性和生长抑制；并破坏神经元传导、迁移和细胞分裂。

汞暴露导致的氧化应激与神经退行性疾病有关，如肌萎缩性侧索硬化、帕金森病和阿尔茨海默病。研究表明，产前低水平汞暴露与新生儿神经行为发育水平的显著下降有关。怀孕期间汞暴露会导致功能表观遗传改变，对儿童时期的认知能力产生不利影响。此外，汞暴露是自闭症的危险因素。汞暴露的生物标志物浓度与症状严重程度呈正相关，汞浓度越高，自闭症症状越严重。

（9）循环系统损害

汞暴露可对心血管系统造成损害。职业汞暴露可导致左心室舒张功能障碍，较高的尿汞浓度、体重指数和较低的血清高密度脂蛋白浓度为左心室舒张功能障碍的危险因素。汞具有心血管自主神经毒性，急性汞暴露会影响心律，包括完全的房室传导阻滞。血管内皮在血管的组织和功能中起着至关重要的作用，并维持循环系统的稳态和正常的动脉功能。内皮功能的破坏是引发动脉粥样硬化和冠心病等心血管疾病发展的开始事件。汞暴露与内皮功能障碍和较高的心血管疾病风险有关。

汞和血压之间存在显著的正相关关系，汞中毒可导致以继发性高血压且合并多器官损害为主要临床表现的毒性作用。肾素 - 血管紧张素系统激活可能参与高血压的发生和发展。此外，汞具有血液毒性作用，汞暴露与贫血、淋巴细胞减少症、中性粒细胞增多症和嗜碱性粒细胞增多症有关。

（10）感觉系统损害

长期汞暴露会对视网膜、视神经神经元纤维和脉络膜血管系统产生毒性影响。汞在黄斑、视网膜色素上皮、神经节细胞层和视神经神经元纤维中的积累和毒性作用可导致视力下降。其还可导致视盘和视神经血管炎，对视觉产生不利影响。汞在眼睛中积聚，诱导自身免疫并减少泪液的产生，改变结膜黏液并引起结膜炎症，从而导致干眼症。汞会耗尽结膜金属硫蛋白等抗氧化蛋白质，降低泪腺和结膜中游离金属硫蛋白的可用性，增加眼表对炎症和干眼症的易感性。此外，汞暴露还会影响色觉和引起视觉疲劳。

汞暴露可增加儿童患特应性皮炎的风险。此外，汞具有耳毒性，会导致周围和中枢性听力损失。急性和长期暴露会对中枢听觉系统产生不可逆的损害。

8.4　砷

砷是一种非金属元素，因具有一些金属特性，在毒理学中被称为重金属。

砷在自然界中以同素异形体、金属态和多种离子形式存在。砷最常见的价态为+5、+3 和 −3，其能够在环境中和人体内形成无机和有机化合物。砷元素广泛地存在于自然界，共有数百种的砷矿物已被发现。砷与其化合物被运用在农药、除草剂、杀虫剂与多种合金中。在日常生活中，人们可能通过食物、水源、空气摄入砷。适量的砷对人体健康有益，但是砷及其化合物具有毒性，当人体摄入过量砷时，就会导致砷中毒。本节将对砷暴露导致的人体多个系统健康损害进行综述。

（1）运动系统损害

砷和砷化合物可对人体肌肉骨骼造成损害。三氧化二砷可诱导横纹肌溶解，是严重代谢紊乱和多器官损害的原因，典型的症状包括肌肉疼痛、虚弱、触痛和受伤肌肉肿胀等。成肌细胞对骨骼肌的形成十分重要。骨骼肌纤维数量的减少可能是由于成肌细胞减少和细胞毒性作用。三氧化二砷可能通过活性氧诱导的线粒体功能障碍、内质网应激和 Akt 信号通路失活来诱导凋亡，从而对成肌细胞产生细胞毒性。研究表明三氧化二砷可能是骨骼肌细胞发育和生长的重要环境风险因素。此外，骨髓炎是砷中毒最严重的后果之一，导致牙龈和骨质坏死。

（2）消化系统损害

急性高砷暴露会导致肠胃道紊乱和损害。食入砷或经由其他途径大量吸收砷之后，肠胃道血管的通透率增加，造成体液的流失以及低血压。肠胃道的黏膜可能会进一步发炎、坏死，造成胃穿孔、出血性肠胃炎、血性腹泻。慢性砷暴露可能会导致非肝硬化性门静脉高血压。砷暴露还会造成人群感染乙型病毒性肝炎的风险增加。此外，较高水平的砷暴露与牙龈和舌等口腔损害风险相关。砷暴露可能会导致口腔癌等严重后果。

（3）呼吸系统损害

砷对人体呼吸系统具有一定的毒性作用。砷暴露与肺功能受损有关，低浓度即可引起明显肺部损害，砷暴露和用力肺活量之间呈负相关。研究表明，经饮用水长期砷暴露会增加肺功能异常和肺活量降低的风险。砷能增强肺组织炎症，通过氧化应激诱导呼吸功能损害和发生肺纤维化。此外，砷与非恶性呼吸道疾病之间存在普遍联系，使暴露人群患严重呼吸道疾病的风险增加，包括慢性阻塞性肺疾病、支气管炎和间质性肺病。慢性砷暴露是患哮喘的危险因素，与哮喘的疾病风险增加有关。

生命早期砷暴露可导致肺的生长和发育受损，对整个生命周期有显著影响。子宫内接触砷会降低婴儿的出生体重，并增加婴儿期下呼吸道感染的易感性，导致肺功能受损，儿童砷暴露会增加气道炎症。早期砷暴露为肺功能减退的潜在危险因素，肺功能减退可能增加儿童、少年、成年、老年等各个时期对呼吸系统疾病的易感性，使成年期死于慢性肺病的风险增加。

（4）泌尿系统损害

砷可引起泌尿系统损害。急性砷中毒与肾小管间质性肾炎、急性肾小管坏死和肾功能不全有关。此外，长期砷暴露会增加患慢性肾病的风险。尿液中的砷代谢物水平与尿路上皮癌显著相关。砷或其代谢物可能降低脱氧核糖核酸甲基化，并可能参与肿瘤的形成和进展。

（5）生殖系统损害

低水平环境砷暴露与男性不育风险呈正相关，全身砷暴露会降低精液质量。砷诱导的氧化应激会进一步损害睾丸间质细胞中的类固醇生成。动物实验研究证明，砷暴露的大鼠和小鼠的睾丸、附睾、前列腺和精囊重量减少，同时精液质量下降，包括精子数量、正常形态、运动性和生存力下降。此外，砷暴露可导致睾丸抗氧化酶活性（包括超氧化物歧化酶、过氧化氢酶、谷胱甘肽过氧化物酶、谷胱甘肽硫转移酶和谷胱甘肽还原酶）下降。

砷暴露与自然流产、死胎、低出生体重、新生儿和婴儿死亡率呈正相关。流行病学研究表明，砷会引起氧化应激、脂质过氧化、激素分泌紊乱和DNA甲基化异常，这可能是砷暴露导致的不良胎盘形成和先兆子痫等多种不良妊娠结局的重要原因。妊娠期砷暴露还与婴儿期下呼吸道感染和腹泻的发病率增加有关。此外，砷暴露可能会增加患乳腺癌的风险。

（6）内分泌系统损害

研究表明，砷会诱导甲基化和氧化应激，干扰性腺、肾上腺和甲状腺内分泌系统，其导致内分泌系统紊乱。高水平砷暴露会破坏甲状腺稳态，导致游离和总三碘甲状腺原氨酸和总血清甲状腺素水平降低。低水平砷暴露与血清尿酸水平、高尿酸血症和痛风的发病率升高相关。

砷暴露与糖尿病发病率的增加有关。体内证据表明，砷诱导的糖尿病可能是由肝和胰腺组织中氧化应激的增加介导的。此外，妊娠早期孕妇总砷浓度与患妊娠期糖尿病的风险增加有关。氧化应激可能损害胰岛 β 细胞，从而抑制胰岛素分泌。研究发现，总砷浓度与体重指数、胰岛素抵抗水平升高相关。

（7）免疫系统损害

长期砷暴露会损害免疫反应，显著影响先天和适应性免疫防御，其可诱导关键免疫调节因子的表达改变、细胞凋亡、循环外周血单个核细胞中的氧化应激和炎症、淋巴细胞活化、巨噬细胞功能受损、细胞和体液免疫的改变，导致人体发生感染和炎症样疾病的风险增加。

早期砷暴露可导致胸腺萎缩和 T 细胞的功能抑制。环境相关的低至中等水平的砷暴露可作用于在胸腺发育中的 T 细胞，诱导遗传毒性和 -7 信号传导。在砷导致的表皮内鳞状细胞癌疾病发展过程中，其会引起外周血中循环 CD4$^+$T 细胞的选择性凋亡。一旦存活的 CD4$^+$T 细胞渗透到局部皮肤病变中，来自病变角质细胞的可溶性 Fas 配体通过其与 CD4$^+$T 细胞中 Fas 的结合进一步触发 CD4$^+$T 细胞凋亡。

（8）神经系统损害

急性砷暴露可引起多种神经症状，如头晕、谵妄、脑病、肌肉无力、痉挛以及周围神经病等。砷暴露后 1 周或多周可出现对称性感觉 - 运动多发性神经病等外周神经病变，通常表现为轴突变性，但有时表现为脱髓鞘性多神经根神经病样吉兰 - 巴雷综合征。此外，砷暴露可损害儿童的神经心理发育，其水平与精细运动功能的神经心理学评估得分呈负相关。

砷引起神经毒性有多种机制：其可导致氧化应激和线粒体功能障碍，致神经变性；砷暴露引起氧化应激诱导的脂质过氧化导致 DNA 损伤和脑细胞死亡，并诱导中枢神经系统的退化；砷可通过激活 p38 丝裂原活化蛋白激酶和 JNK3 途径诱导神经细胞凋亡；砷暴露降低了神经丝蛋白的表达，并导致细胞骨架的不稳定和破坏，最终可能导致周围神经的轴突变性；硫胺素（维生素 B$_1$）的缺乏会导致神经元并发症，砷会导致硫胺素缺乏并抑制丙酮酸脱羧酶的功能。

（9）循环系统损害

砷暴露可对循环系统造成损害。砷可导致颈动脉内膜中层厚度增加、动脉粥样硬化、缺血性卒中、高血压、心肌肥大和血管纤维化并增厚等多种疾病的发生。

砷导致心血管疾病的常见机制之一是内皮功能障碍。砷暴露可导致氧化应激，诱导机体产生活性氧。一氧化氮是内皮细胞释放的主要介质之一。它具有促进血管舒张、抗炎、抑制血小板粘附和聚集、有利于平滑肌细胞增殖和迁移等作用。活性氧使一氧化氮失活并降低其在血管内皮中的生物利用度。除活性氧对一氧化氮的直接作用外，砷还抑制内皮一氧化氮合成酶，耗尽谷胱甘肽，并抑制氧化还原酶（过氧化氢酶、谷胱甘肽过氧化物酶和还原酶、硫氧还蛋白还原酶和超氧化物歧化酶）。抗氧化剂防御机制的破坏和新的一氧化氮形成的阻断进一步降低了一氧化氮的生物利用度并增加了内皮功能障碍。

砷暴露可导致循环淋巴细胞中促炎细胞因子的表达增加。长期砷暴露的个体表现出循环淋巴细胞中与炎症相关的多种生长因子和细胞因子的上调。炎症在动脉粥样硬化斑块形成和血管损伤中起着重要作用。炎症是砷诱导的动脉粥样硬化以及进而缺血性中风的可能机制。此外，砷还可以通过脂质过氧化和各种血管扩张剂失活导致内皮功能障碍，砷的不完全甲基化可对心脏产生不利的影响。

急性或慢性砷暴露数量都会影响到血液系统，骨髓造血功能可被抑制，引起白细胞、红细胞、血小板下降，嗜酸性白细胞数上升。谷胱甘肽是一种重要的可溶性抗氧化剂，参与砷化合物的细胞解毒。砷可显著消耗细胞谷胱甘肽水平，一般来说，谷胱甘肽的耗尽会改变细胞的氧化还原状态，并产生毒性。无机砷可以降低红细胞内谷胱甘肽水平。

（10）感觉系统损害

流行病学研究表明，长期砷会增加患癌前皮肤病变的风险，如手掌和脚底角化过度或色素沉着过度，并伴有颈部和背部小面积色素沉着不足。一般来说，接触砷后，人体内尿砷的标准分布为 10%—30% 的有机砷、10%—20% 的甲基丙烯酸甲酯和 60%—80% 的二甲基丙烯酸甲酯。不同化学种类砷的细胞毒性和遗传毒性有很大的不同。有数据表明，甲基化代谢产物之一的单甲基胂酸会导致细胞毒性和遗传毒性。尿中甲基丙烯酸甲酯越多，细胞毒性和遗传毒性越强。二次甲基化能力的降低意味着甲基丙烯酸甲酯向二甲基丙烯酸甲酯的代谢减少，甲基丙烯酸甲酯的积累增加，导致体内中间代谢物甲基丙烯酸甲酯的水平升高。甲基丙烯酸甲酯比例越高，皮肤病变越严重。研究发现，无机砷会诱导非黑色素瘤皮肤癌的发病。此外，砷暴露还可产生耳毒性。

8.5 铜

铜是一种与人类密切相关的有色金属，被广泛地应用于电气、轻工、机械制造、建筑工业、国防工业等领域。铜是生物体内许多重要酶和蛋白质合成的必需微量矿物质，对于人体各系统的发育和功能有重要影响。当过高铜暴露时，体内铜平衡失调会引起一系列的毒性作用。人类可通过吸入、饮水、摄食等途径摄入过量的铜，对人体健康产生影响。本节将对铜暴露导致的人体多个系统健康损害进行综述。

（1）运动系统损害

高铜暴露可对人体的运动系统产生影响。研究发现，高铜/锌比率与骨密度、瘦体重、力量、下肢功能和日常生活能力降低之间存在显著相关性。血清铜含量高、铜/锌比值高的人骨密度较低，可能是因为血清中甲状旁腺激素的升高和25–羟维生素 D 含量降低。此外，高铜暴露也是患类风湿性关节炎的危险因素。

（2）消化系统损害

摄入过量的铜会对消化系统产生损害。铜离子会使蛋白质变性，如硫酸铜对胃肠道有刺激作用，误服会引起恶心、呕吐、口内有铜性味、胃烧灼感，严重者会出现腹绞痛、呕血、黑便。

高铜暴露可诱导肝细胞氧化应激和凋亡。活性氧是诱导自噬体形成的细胞信号分子，铜暴露可通过刺激线粒体活性氧来诱导自噬，自噬可以清除受损的线粒体，降低活性氧水平和氧化损伤。线粒体是细胞中活性氧产生的主要场所，但过量的活性氧会导致氧化应激，通过损害核酸、脂质和氨基酸前体导致线粒体功能障碍和细胞损伤，导致非酒精性脂肪肝发病率升高。过量的铜在肝脏中积累还可导致肝炎、肝硬化、肝功能衰竭和肝豆状核变性等严重疾病。实验研究表明，氧化铜纳米粒子对人肠细胞具有剂量和时间依赖性的细胞毒性。

（3）呼吸系统损害

铜暴露会对人体的呼吸系统产生不利影响。研究发现，职业铜暴露会导致氧化应激增加，引起肺功能受损和 DNA 损伤。电磁可促进重金属通过质膜的运输，增强电子烟产生的气溶胶中重金属铜的毒性。同时暴露于电磁和铜会诱导肺上皮细胞凋亡，并引起氧化应激和 DNA 损伤。氧化铜纳米颗粒暴露可导致肺部炎症、细胞损伤和鼻上皮细胞变性明显增加，且呈剂量依赖性；其也可导致 DNA 损伤的剂量依赖性增加，具有细胞毒性和遗传毒性。此外，经病例对照研究发现，肺癌患者的血清铜浓度往往高于非肺癌对照组，环境铜暴露可能会增加患肺癌的风险。

（4）泌尿系统损害

铜对肾脏有很强的毒性作用。纳米铜颗粒更易吸收，可能会引起严重的毒理效应，肾脏是纳米铜颗粒的主要靶器官，肾小管上皮细胞具有特殊的结构和功能，为纳米材料诱导肾毒性提供了靶点。暴露于纳米铜可以改变氧化应激水平，并诱导肾功能障碍。过量的纳米铜会导致细胞增殖，线粒体膜电位降低，并诱导细胞凋亡。体外动物实验表明，纳米铜可诱导 PK–15 细胞凋亡，引起肾毒性作用。

（5）生殖系统损害

铜在维持男性正常生育能力中具有重要作用。铜的过量或不足都可能导致精子发生缺陷、精子减少以及睾丸组织和精子的氧化损伤，最终导致生育能力受损。高铜暴露对男性生育能力有直接或间接的影响，研究发现，精浆中铜的定量与精子质量参数如活力、生存力和形态之间呈负相关。此外，铜的集聚还会导致性腺机能减退、阳痿。动物实验证实，过量铜暴露可导致睾丸细胞凋亡增加和结构异常、精原细胞和支持细胞减少、精子的运动能力下降、形态和膜完整性改变。

子宫内膜的蜕膜和蜕膜功能的正常表达，对胚胎着床、妊娠建立与维持和分娩的发动起着极为重要的作用。铜离子对蜕膜标志物的表达有不利作用，可对妊娠的建立和发展产生负面影响。妊娠早期孕妇高铜暴露可能会增加体内总胆固醇和甘油三酯的浓度，导致自发性早产的发病风险增加。铜纳米颗粒还可对人绒毛外滋养层细胞产生细胞毒性，诱导细胞凋亡，抑制其增殖，并在 G2/M 期以时间和剂量依赖的方式引起细胞周期停滞。动物实验发现，铜纳米粒子通过破坏性激素平衡对小鼠产生明显的生殖毒性，诱导小鼠卵巢和胎盘病理生理紊乱和功能障碍。其可显著损伤线粒体膜电位，激活线粒体介导的凋亡信号通路，影响雌性小鼠的正常生殖功能。

（6）内分泌系统损害

高铜暴露可增加患糖尿病的风险。体内锌和铜浓度之间的平衡有助于维持细胞的氧化还原状态。锌具有维持胰岛素的功能，通过作为含巯基蛋白质的辅因子来减少氧化损伤，减轻炎症，并改善血糖。铜含量增加导致的锌缺乏可能会提高铜锌比。在与酶的竞争性结合过程中，较高浓度的铜取代了锌，导致功能受损、羟基自由基形成和炎症反应。因此，铜可能通过加重氧化应激来促进糖尿病发病。动物和体外研究显示，用铜螯合剂治疗可降低糖尿病小鼠的胰岛素抵抗并改善葡萄糖不耐受；铜在活性氧生成、β细胞中谷氨酸脱羧酶的氧化和β细胞凋亡中发挥作用。总的来说，体内高铜水平增加了糖尿病发病的风险。

肥胖患者的局部脂肪组织和肝脏中，铜浓度较高。血清铜浓度与体重指数呈正相关，铜稳态与肥胖之间存在密切联系。铜暴露增加了脂肪生成和脂肪酸摄入，尽管脂肪分解增加，但仍导致肠内净脂质积累，影响正常的脂质代谢。

（7）神经系统损害

铜是一种能够在关键发育阶段干扰大脑发育的物质。较高的铜暴露与较差的运动能力和基底神经节的结构改变有关。铜在脑内集聚破坏了原纤维的伸长，这些原纤维迅速传递并积累到神经元细胞，导致神经元细胞死亡。铜稳态失调会导致儿茶酚胺失衡、神经元髓鞘形成异常、正常脑结构的丧失以及一系列神经和精神表现。较高的铜暴露与神经退行性疾病有关，如阿尔茨海默病和肌萎缩侧索硬化症。这些致命的综合征与大脑中神经元和突触损伤密切相关。脑容量减少可以作为铜毒性的标志，脑萎缩的严重程度是 Wilson 病患者神经和功能损伤的重要相关因素。

高水平铜暴露可导致氧化应激水平增加，引起 DNA 损伤和与其相关的认知能力下降。研究发现，血铜浓度的增加可能与抑郁症有关，铜可能是抑郁症的生物标志物。

（8）循环系统损害

氧化铜纳米颗粒可导致心血管系统细胞毒性。释放的铜离子可诱导氧化应激和 P38MAPK 信号通路的激活，引起人脐静脉内皮细胞中的 DNA 损伤和细胞死亡。铜可通过增强活性氧和氮化物的产生而对人血细胞产生细胞毒性和遗传毒性作用，其也可导致红细胞的膜损伤和质膜结合酶的活性降低。铜中毒会导致纤维蛋白原功能障碍，降低凝血速度和凝块的强度。铜生成的自由基氧化物是导致凝血动力学受损的机制之一。此外，Cu^{2+} 可对人血清白蛋白的结构和功能产生明显不利影响。

（9）感觉系统损害

皮肤或黏膜的长期铜暴露，可导致过敏性接触性皮炎。此外，氧化铜纳米颗粒对人皮肤细胞具有潜在的损伤作用，这种损伤作用可能是通过活性氧和氧化应激介导的。

8.6 镍

镍是一种坚硬、有延展性的银白色过渡金属。镍属于铁磁性元素，存在于地壳中，通常以氧化物和硫化物的形式存在。镍与其他元素结合，可存在于土壤、陨石和火山喷发物中。由于其独特的物理和化学性质，镍在现代冶金工艺中被广泛应用，如合金生产、电镀、镍镉电池生产以及化学和食品工业中的催化剂，不可避免地导致镍及其二次产品在制造、回收和处置阶段对环境和人体健康产生不利影响。人类可通过吸入、饮水、摄食和经皮肤吸收等途径摄入镍，根据接触的剂量和时间长短导致多种健康影响。本节将对镍暴露导致的人体多个系统健康损害进行综述。

（1）消化系统损害

含镍化合物可对人体肝脏产生毒性作用。氧化镍纳米粒子以剂量依赖的方式在人肝细胞中诱导细胞毒性和氧化应激。此外，在牙科治疗中，镍可用于制作托槽、补牙、牙齿间隙保持器和牙冠。经口腔环境腐蚀后，镍离子从牙科材料中逐渐释放，通过消化系统、皮肤和气道被人体吸收。其可对口腔黏膜在细胞水平上产生遗传毒性损伤。

（2）呼吸系统损害

镍暴露可导致呼吸系统损害。职业高镍暴露可引起呼吸道症状和肺功能受损，1秒内用力呼气量、用力肺活量和最大呼气流量等肺功能指标显著下降，且肺功能下降和镍暴露之间的呈剂量－反应关系。体外实验表明，镍纳米粒子具有细胞毒性，可诱导肺上皮细胞的细胞周期改变和DNA损伤，产生遗传毒性效应。此外，肺组织中高镍水平可引起DNA修复缺陷而增加p53基因突变的风险，导致患肺癌的风险增加。

（3）生殖系统损害

镍是生殖毒性物质，具有生殖毒性。研究表明，产前镍暴露可干扰分娩，引起孕周缩短，孕妇体内高镍浓度是早产和低出生体重的危险因素。高血清镍浓度与乳腺癌相关，镍暴露可能是乳腺癌的危险因素。雌激素由女性卵巢产生，通过促进细胞生长和分化，在调节正常和肿瘤乳腺上皮的发育过程中起主要作用。雌激素途径的抑制可以导致转录活性的升高，这可能促进癌症的发展。超过70%的原发性乳腺癌表现出雌激素受体依赖性生长。最近的研究表明，镍干扰内分泌系统，它也可以结合和激活雌激素受体，导致乳腺癌的发展。

镍可驱动活性氧介导的男性生殖系统紊乱。它影响锌代谢，锌代谢对精子稳定性至关重要，通过影响DNA结合蛋白的结构，从而影响精子功能。动物实验表明，镍纳米粒子主要通过影响精子发生和睾丸结构对小鼠生殖系统造成损伤，引起精子活力指数降低、生精小管细胞凋亡和细胞排列紊乱。

（4）感觉系统损害

皮肤高镍暴露情况下，可经皮吸收并扩散到其他部位，发生变应性接触性皮炎。身体的任何部位都可能受到影响，更常见的受影响区域有眼睑、面部、颈部、手腕、手、脐周和大腿。临床症状和体征从轻度瘙痒性皮炎到伴有渗出和丘疹的深度红斑及水泡性湿疹，再到全身性特发性超敏反应。

（5）其他系统损害

蛋白尿和 β2- 微球蛋白尿是肾脏肾小球和肾小管损伤的指标。研究发现，尿镍水平与蛋白尿和 β2- 微球蛋白尿水平呈正相关，镍暴露的增加可能是肾功能不全的一个危险因素。职业镍暴露人群代谢综合征、体重指数 ≥ 25 和血脂异常的患病率较高，可能增加心血管疾病和其他非传染性疾病的风险。此外，神经系统是镍毒性的主要靶器官，可在体内导致各种神经症状。动物研究证实，镍可以在大脑中积累，引起线粒体内细胞能量代谢改变，导致氧化应激和线粒体功能障碍的发生，诱导神经毒性作用。

8.7　铬

单质铬为钢灰色金属，是自然界硬度最大的金属，天然存在于岩石、土壤、火山尘埃和气体、动物和植物中。呈游离态的自然铬极其罕见，主要存在于铬铅矿中。铬可用于制作不锈钢、汽车零件、工具、磁带和录像带等。人类可通过吸入、饮水、摄食和经皮肤吸收等途径摄入铬。铬是人体内必需的微量元素之一，它在维持人体健康方面起关键作用。三价铬是对人体有益的元素，而六价铬是有毒的，六价铬比三价铬毒性高 100 倍，易被人体吸收且在体内蓄积。高铬暴露可对人体健康造成损害。本节将对铬暴露导致的人体多个系统健康损害进行综述。

（1）运动系统损害

高铬暴露可导致骨关节损伤。六价铬在人体骨细胞中诱导细胞毒性和遗传毒性作用。铬诱导的脱氧核糖核酸损伤导致 G2 细胞周期停滞和 S 期延迟，也导致染色体结构异常的增加，引起细胞活力下降。研究表明，血液高铬离子水平可导致髋关节功能下降和健康相关的生活质量降低。

（2）消化系统损害

误食六价铬化合物可引起口腔黏膜增厚和水肿、肠胃失调和肝肿大等症状。六价铬对胃肠道在内的内脏器官具有致癌作用。Meta 分析结果表明，六价铬暴露与胃癌风险增加有关。

（3）呼吸系统损害

高铬暴露可导致人体患多种严重呼吸系统疾病。职业暴露六价铬引起的鼻症状，如鼻刺激、鼻中隔溃疡和穿孔、鼻甲充血和肥大，这些症状是早期诊断鼻腔癌的重要标志。体外研究表明，六价铬会影响表观遗传修饰水平中组蛋白生物素化。铬处理的人支气管上皮细胞中组蛋白乙酰化水平降低，组蛋白去乙酰化可能参与组蛋白生物素化的调节。在暴露于铬的细胞中，生物素酶分布变得不均匀，更多地集中在细胞核外围，生物素酶是维持组蛋白生物素化稳态的主要蛋白质。六价铬是一种公认的人类肺部致癌物。染色体结构和数量不稳定是肺部肿瘤的特点，中心体扩增是一种常见的肺肿瘤的表型，与染色体不稳定性密切相关。长期暴露于六价铬会导致 S 期和 G2 期细胞中心粒过早脱离，诱导间期细胞中心体提前分离。

（4）泌尿系统损害

研究表明，六价铬可诱导尿路上皮细胞系的 DNA 双链断裂和染色体损伤。慢性铬暴露诱导人尿路上皮细胞染色体不稳定和非整倍性，极有可能引发致癌事件，导致膀胱癌。

无论是急性高剂量还是慢性累积暴露，肾脏都是铬的关键靶器官之一。长期职业铬酸盐暴露会导致肾脏损害，引起肾小管和肾小球结构和功能异常。动物实验结果发现铬诱导细胞毒性、DNA 损伤和氧化应激。大鼠高剂量重铬酸钾暴露后，出现肾小球内出血、肾小管扩张和近端小管上皮细胞局部坏死。此外，铬酸烧伤后的急性铬中毒可致急性肾功能衰竭。

（5）生殖系统损害

铬可以穿过血睾屏障，影响精子的发育、成熟和活力。铬诱导精子功能障碍，导致活力丧失、生存能力丧失和精子–卵母细胞融合受损。铬产生的活性氧可导致脂质过氧化、DNA 损伤和细胞毒性，从而降低精子活力。体外研究表明，六价铬可损害男性体细胞和精原干细胞的生理功能。铬暴露还会导致生精小管萎缩、支持细胞分裂、紧密连接和睾酮水平下降。所有这些损伤最终导致睾丸功能不良和精子质量下降。此外，铬暴露可能干扰下丘脑–垂体–睾丸轴，改变促性腺激素的分泌，影响精子发生，导致精液质量下降。

妊娠早、中期是胎儿最敏感的时期，铬会对生育、生殖和胚胎发育造成不利影响。孕妇高水平铬暴露可对出生结局产生有害影响，如分娩低出生体重婴儿、早产、自然流产等。氧化应激是由活性氧产生和抗氧化防御清除能力不平衡所导致的。铬通过增加脂质氧化引发细胞氧化应激，影响胎盘生长和发育。六价铬可通过下调细胞存活蛋白和上调凋亡信号诱导细胞凋亡产生胎盘发育毒性，导致胎盘功能障碍。实验研究发现，铬与大鼠体内游离甲状腺素和三碘甲状腺原氨酸水平降低相关。甲状腺激素对正常胎儿生长发育至关重要，母亲甲状腺功能障碍可导致胎儿生长受损。

（6）感觉系统损害

经皮肤铬暴露会导致皮肤屏障破坏，吸烟可能会增加患者皮肤屏障紊乱。长期高水平的铬暴露会导致人皮肤色素沉着过度。接触六价铬也可发生铬性皮炎及湿疹，患处皮肤搔痒并形成水泡，皮肤过敏者接触铬污染物数天后即可发生皮炎，铬过敏期长达 3—6 个月。铬是一种强烈的接触敏化剂和皮肤组织毒素。六价铬的生物利用度较高，比三价铬更易溶于水，更容易穿透皮肤，在皮肤中的积累程度也比三价铬高。一旦进入皮肤，三价铬比六价铬更容易与蛋白质结合，增强抗原的表达和引起铬过敏性皮炎。

（7）其他系统损害

干燥综合征是仅次于类风湿性关节炎和系统性红斑狼疮的第三种常见的风湿性自身免疫性疾病。铬暴露可导致人群干燥综合征患病率增加。铬暴露与神经心理障碍有关。研究表明，铬对男孩的神经发育有更大的毒性作用。六价铬暴露后产生的氧化应激可导致包括 DNA 在内的大分子氧化变质，进而导致神经细胞凋亡。此外，六价铬刺激红细胞 Ca^{2+} 内流、活性氧水平升高和 ATP 的快速消耗，进而导致细胞膜紊乱和细胞收缩，诱导红细胞损伤。

9　石油化工污染与健康损害

9.1　多环芳烃场地污染

2014 年《全国土壤污染状况调查公报》报道，在 4 种土地利用类型中耕地的土壤点位超标率为 19.4%，多环芳烃为主要污染成分之一。在 8 类典型地块及其周边土壤污染状况调查中，工业废弃地、工业园区（化工类）、采油区、采矿区、污水灌溉区、干线公路两侧等 6 类典型地块及其周边土壤的主要污染物中都有多环芳烃，多环芳烃已成为土壤污染的重要污染物，尤其在化工场地土壤污染中更为突出。本节重点关注多环芳烃场地污染情况，基于大量文献调研，收集了 2006—2019 年我国不同地区化工厂土壤多环芳烃污染的研究结果，统计分析了全国多环芳烃场地污染的分布、种类，污染源的成分、来源及特点。

9.1.1　多环芳烃场地污染现状

多环芳烃（Polycyclic Aromatic Hydrocarbons，PAHs）是煤、石油、木材、烟草、有机高分子化合物等有机物不完全燃烧时产生的挥发性碳氢化合物，是重要的环境和食品污染物。多环芳烃会直接进入土壤或通过降雨、降雪和降尘进入土壤，土壤成为环境中多环芳烃的储藏库和中转站，承担了 90% 以上多环芳烃的环境负荷，因此，土壤中的多环芳烃可能具有更高的风险。尤其随着近现代工业的快速发展，化工厂造成的多环芳烃的土壤污染已成为重大的环境污染问题。

（1）多环芳烃污染风险重

多环芳烃是持久性有机污染物的一种，容易在生物体内富集，难以生物降解；多环芳烃大部分具有致癌、致畸、致突变性，可通过接触或者吸入途径导致人体致癌。

（2）污染评估及场地修复经验不足

目前，我国施行《土壤环境质量建设用地土壤污染风险管控标准》，该标准中关于多环芳烃的标准值设定，仅包含了萘、苯并（a）蒽、蒽、苯并（a）芘、苯并（b）荧蒽、苯并（k）荧蒽、二苯并（a，h）蒽、茚并（1，2，3-cd）

芷等 8 种成分，涉及范围较窄。文献中土壤筛选值的选定参考北京市地方标准 DB11/T811—2011《场地土壤环境风险评价筛选值》和《上海市场地土壤环境健康风险评估筛选值（试行）》，没有当地适用的筛选标准。我国基于健康风险评估的污染场地修复治理的经验还不丰富，若机械套用导则中的评估模型和参数，往往导致计算结果与客观实际情况存在较大差异。各地区土壤地质条件和理化性质相差较大，不同区域、不同土质、土壤各元素的背景值也各异，若忽略当地土壤环境背景值来制定场地修复目标值，将导致过度修复。我国多环芳烃污染场地基数大，污染源成分复杂，且绝大多数为重度污染场地，大大增加了场地修复的难度。

9.1.2　污染物成分

目前，国内外对多环芳烃进行的研究主要是针对美国环保局（USEPA）列出的优先控制污染物名单中的 16 种多环芳烃，其单体组成为萘（Nap）、苊烯（Acy）、苊（Ace）、芴（Flu）、菲（Phe）、蒽（Ant）、荧蒽（Flua）、芘（Pyr）、苯并（a）蒽（$B_{(a)}A$）、䓛（Chr）、苯并（b）荧蒽（$B_{(b)}F$）、苯并（k）荧蒽（BkF）、苯并（a）芘（$B_{(a)}P$）、茚并（1，2，3-cd）芘（InP）、二苯并（a，h）蒽（DBA）和苯并（g，h，i）苝（BghiP）。

我国环保部将其中 8 种 PAHs 列入中国环境优先控制污染物名单，其具体成分及标准值为萘（25mg/kg）、䓛（490mg/kg）、苯并（a）蒽（0.55mg/kg）、苯并（b）荧蒽（5.5mg/kg）、苯并（a）芘（0.55mg/kg）、茚并（1，2，3-cd）芘（5.5mg/kg）、二苯并（a，h）蒽（0.55mg/kg）、苯并（k）荧蒽（55mg/kg）。

9.2　多环芳烃暴露人群

9.2.1　暴露人群基础资料

调查多环芳烃暴露人群的基础资料，可以对潜在的人群暴露的初步识别提供信息。主要包括：

①人群可以通过哪些介质接触到多环芳烃。

②人群暴露的位置信息。

③人群一般信息，对部分一般人群资料进行调整，可探究多环芳烃人群暴露水平的影响因素。

暴露人群基础信息如下：

①一般人口学指标：性别、年龄、体重指数、种族、籍贯、婚姻状况、受教育程度和家庭年收入等。

②个人及家族疾病史：高血压、高血脂、糖尿病、中风、心肌梗死、肿瘤、哮喘、肝炎和肾炎等病史。

③生活习惯：吸烟和饮酒状况、规律锻炼等。

④饮食习惯：摄入谷类、粗粮、果蔬、瘦肉、水产、蛋奶和腌熏食品的来源和频次。

⑤住房条件：居住地、居住面积、家用燃料、厨房炉灶通风、住家附近饭馆和工厂情况等。

⑥职业史：工龄、工种、职业变动史、职业防护情况等。

⑦用药史等。

9.2.2　暴露人群代谢物中多环芳烃浓度

人尿中多环芳烃代谢物水平能较客观地反映多环芳烃的实际暴露水平。但是，由于多环芳烃种类繁杂、机体暴露途径多样的复杂性，多环芳烃的实际暴露水平仅仅依靠外暴露法确实存在困难。采用内暴露生物标志来反映机体环芳烃的实际暴露水平。可以反映多环芳烃暴露内剂量的标志有尿羟基多环芳烃代谢物（OH-PAHs）、硫醇酯等，可以反映生物有效剂量的标志有多环芳烃的 DNA 或蛋白质加合物，而多环芳烃的 DNA 或蛋白质加合物的敏感性不够，因此其在职业人群或非职业人群中多环芳烃的暴露评价方面的应用受到限制。于是多采用尿 OH-PAHs 反映人体多环芳烃的近期暴露水平，也常常用作多环芳烃的内暴露标志。肌酐是人体内肌肉代谢的产物，其生成和排出均较恒定，为了排除因尿液稀释和个体差异等因素的影响，人们常用尿肌酐来校正尿中代谢物水平。

多环芳烃的暴露源、暴露浓度不同，以及居民的生活方式和饮食习惯的差异等原因，人群的尿 OH-PAHs 水平是不同的。由美国疾病预防控制中心牵头实施的国家健康和营养调查（National Health and Nutrition Examination Survey，NHANES）队列数据结果显示，萘代谢物占 ∑ OH-PAHs 浓度的 75.0%、芴代谢物占 ∑ OH-PAHs 浓度的 12.4%、菲代谢物占 ∑ OH-PAHs 浓度的 9.0%、芘代谢物占 ∑ OH-PAHs 浓度的 1.1%。

9.2.3　暴露人群临床检查与诊断

多环芳烃可对人体多个系统造成广泛性损害。对暴露人群进行临床检查和诊断，在确定暴露与人群发病关系的过程中十分重要。

健康体检中测量血压、心率、心肺听诊、口咽部检查、测定肺功能等项目，结合心电图检查、胸部X线检查和血常规（白细胞数、淋巴细胞数、中间细胞数、中性粒细胞数、红细胞数、血红蛋白、血小板计数和平均血小板体积等）等，可以发现，如哮喘、气管炎等一般呼吸系统疾病和血液毒性、血栓等循环系统疾病。此外，进行组织病理检查、PAHs–DNA加合物和不同分子生物标志物检测，才能建立多环芳烃与肺癌、心血管系统损伤等心脏疾病之间的联系。

人们多采用尿OH–PAHs代谢水平用以反映人体PAHs的近期暴露水平，也常常被人们用作多环芳烃的内暴露标志。尿8–OHdG水平能反映机体的氧化应激状态，因此广泛用于多环芳烃暴露所致的机体氧化损伤水平。尿中4–羟基苯蒽等升高与糖尿病风险增加显著相关。

暴露人群生殖系统损伤的临床检查更多集中在生殖细胞相关检测、激素水平、血液和尿液分析。相关的男性生殖系统损伤主要表现为精子损伤及生殖障碍，涉及到的主要临床检查有精液检测（精液体积、精子密度、精子总数、精子活力、精子凋亡和精子DNA损伤参数等）和雄性激素水平等；女性出现不孕症、不良妊娠结局以及乳腺癌等疾病，涉及的临床检查有性激素六项、B超等。

多环芳烃对免疫系统抑制方面的临床检查有T淋巴细胞亚群测定和血常规检测等；对神经系统的毒性作用主要表现为：学习记忆能力下降、神经功能影响。相关的临床检查有血浆中单胺类神经递质检测（NE、DA、5–HT）、乙酰胆碱和乙酰胆碱脂酶含量及活性检测；多环芳烃暴露相关的骨质疏松涉及到的检查有血液检查、X线检查和骨密度检测等；血清肝生化指标ALT、AST、GGT和ALP升高可指示肝脏的损伤性疾病。

职业性大量接触多环芳烃混合物会导致患肺癌、皮肤癌或膀胱癌的风险升高。

与上述肺癌相似，癌症的临床检查还是以组织病理学检查为主。另外，结肠癌、胰腺癌等消化系统癌症、女性乳腺癌也与多环芳烃的高暴露有关。

9.3　多环芳烃暴露途径

9.3.1　经呼吸道暴露

肺与外环境的接触面积约为胃肠道和皮肤界面之和的4倍，是人体暴露有毒外源化学物最主要的途径之一。各种气体和气溶胶以吸入的方式进入肺部，其他途径进入血液的外源化学物也可经肺毛细血管网到达肺部，这使得肺成为人体接触职业和环境化学物最重要脏器和毒作用靶器官。

据报道，PAHs 可引发各种呼吸道疾病和心血管疾病，包括哮喘病、慢性支气管炎、肺癌等。颗粒态 PAHs 具有粒径分布特征，而高环颗粒态 PAHs 主要分布在细颗粒上，从而更容易沉积在呼吸道的肺泡部位，对人体产生的危害更大。

9.3.2　经消化道暴露

对于非职业性暴露的一般族群而言，经消化道暴露是 PAHs 暴露的主要途径。PAHs 广泛存在油、蔬菜、水果、谷物产品、坚果、香料、肉制品、饮料等各类食物中，对于新鲜的或未经处理的食物，其 PAHs 主要来源于被 PAHs 污染了的土壤、水体、空气以及动物饲料等。荷兰人平均每日 PAHs 膳食摄入量为 5–17 μg，主要膳食来源是糖、谷类、油脂和坚果等。新西兰人每日 PAHs 的膳食摄入量为 1.2 μg，其膳食暴露风险为 7.5×10^{-4}。中国人每日膳食摄入 BaP 的量为 0.69 μg，膳食暴露的风险值达到了 6.65×10^{-5}。

9.3.3　经皮肤暴露

人体体表与外界直接接触的部位主要包括手、手臂、脚、脸和眼睛等。当接触发生后，污染物质通过皮肤进入人体血液必须通过皮肤的 3 层屏障：角质层、生发层和乳头层。影响皮肤吸收的因素包括与皮肤有关的性质和与污染物质的有关性质。皮肤性质包括皮肤的位置、年龄、循环速度、皮肤条件和皮肤温度等。一般而言，皮肤越薄，年龄越小，循环速度越快，温度越高，越有利于污染物质的吸收。污染物质的性质主要包括分配系数、极性、结构、挥发性和浓度等。污染物质在脂肪和水中的溶解能力常常以辛醇—水分配系数表示，能同时溶解与脂肪和水的物质最容易被皮肤吸收。非极性物质要比极性物质容易被皮肤吸收。物质结构对皮肤吸收的影响主要指同类物质结构变化造成的影响，如随着醇的链长的增加，其皮肤渗透性显著加大。污染物质的挥发性越大，在接触到皮肤表面积时，由于蒸发作用损失越大，极大地减少了其作用与皮肤的数量。

场地土壤污染的皮肤暴露可分为两种不同的情况：第一种情况是皮肤和污染土壤中挥发出来的有毒有害气体的接触；第二种情况是皮肤和污染土壤或土壤飘尘接触。

9.4　多环芳烃的毒理学证据

PAHs 指含两个及以上苯环的芳烃，是一类重要的环境持久性有机污染物。人类生产生活中，各种化石燃料、木材、烟草以及其他碳氢化合物的不完全燃烧会产生 PAHs。PAHs 可通过呼吸、饮食和皮肤等多种途径进入人体。空气、土壤和水中的 PAHs 可通过沉积和转移进入食物链。人体接触 PAHs 有多种来源，如汽车尾气、香烟烟雾、废物焚烧、烤制食物、受污染的饮用水以及焦化厂和炼油厂等职业暴露。有 16 种 PAHs 被美国环保局（USEPA）列为优先控制污染物。许多基于人群的流行病学调查和实验室研究表明 PAHs 具有致癌、致畸、致突变的作用，还有报道 PAHs 的生殖发育毒性，将对 PAHs 致人体各系统的健康损害进行综述。

9.4.1　呼吸系统损害

（1）非致癌作用

①哮喘。

接触 PAHs 可能会对呼吸道健康产生不利影响，来自流行病学工作和实验研究的许多文献表明，室内和室外空气污染，如颗粒物和 PAHs 等会导致过敏和哮喘的发生。Xiji Huang 等的研究测定并比较了哮喘患者和对照组尿液中 PAHs 代谢物的水平，量化尿 PAHs 代谢物与成人哮喘之间的剂量 – 反应关系，经协变量调整后，2- 羟基芴、4- 羟基菲、1- 羟基菲、2- 羟基菲、1- 羟基芘和 ∑ OH–PAHs 的自然对数转换浓度每增加 1 个单位，成人哮喘的风险显著增加，优势比分别为 2.04、2.38、2.04、1.26、2.35 和 1.34。说明升高的尿 PAHs 代谢物水平与成人哮喘风险增加相关。哮喘也是儿童常见的慢性病之一。HuiLiu 等以参加 2001—2008 年和 2011—2012 年美国全国健康与营养调查的 15447 名儿童为研究对象，分析了 10 种尿 PAHs 与哮喘或哮喘相关症状的关系。当按年龄和性别分层时，发现尿中 2- 羟基菲与 13—19 岁男孩诊断的哮喘之间有显著的相关性（OR=2.353，95% CI：1.156，4.792，P=0.021）。在 13~19 岁女孩中，哮喘与 4 – 羟基菲呈正相关（OR=4.086，95% CI：1.326，12.584，P=0.043）。此外，观察到 1- 羟基芘与确诊哮喘之间的总体正相关。也有研究显示 15 岁以下沙特儿童血清 PAHs 水平与多种哮喘相关生物标志物有关，并且萘、4H– 环五菲、1，2- 苯并蒽和苯并(e)乙酰菲在儿童哮喘中发挥重要作用。

反复高接触芘与儿童哮喘相关（OR=1.90）。

②呼吸道与肺功能损伤。

克拉科夫一项出生队列研究产前和产后接触 PAHs 与非哮喘儿童肺功能关系。研究结果表明，经胎盘接触 PAHs 损害了呼吸道的正常发育过程，这种影响因出生后接触 PAHs 而加剧。另一项研究中孕妇在怀孕 20—24 周时暴露于 PAHs 尿液中 1- 羟基芘浓度越高，会增加婴儿在出生后一年内更频繁地患上呼吸道感染的风险。

Sabit Cakmak 等对加拿大 3531 名 6—79 岁的人群测试选定的 PAHs 代谢物与 1 秒用力呼气容积（FEV1）、用力肺活量（FVC）和两者之间的比率（FEV1/FVC）之间的关联，尿中 PAHs 代谢物的四分位变化与 8 种多环芳烃（2- 羟基萘、1- 羟基苯蒽、2- 羟基苯蒽、3- 羟基苯蒽、4- 羟基苯蒽、2- 羟基芴、3- 羟基芴和 9- 羟基芴）的 FEV1 和 FVC 显著下降相关。说明接触 PAHs 可能会对加拿大人群的肺功能产生负面影响。也有报道环境 PAHs 暴露是老年人肺功能下降的危险因素。职业人群长期暴露于富含 PAHs 的 $PM_{2.5}$ 会损害肺功能。而厨房工人在调整混杂因素后肺功能下降可能与厨房室内空气中较高浓度的 PAHs 有关。

（2）致癌作用

职业性接触富含 PAHs 和颗粒的燃烧产物与肺癌风险增加有关。在 20—29 岁这一年龄段中，接触的有害影响比以后的任何几十年都要大，这表明，减少接触对年轻人可能特别重要。Ayman Alhamdow 等以接触低分子 PAHs 职业暴露的烟囱清洁工和杂酚油工人为研究对象，结果显示烟囱清洁工接触芴越多，F2RL3 和 AHRR 的 DNA 甲基化程度越低，这是肺癌风险增加的标志。与接触 PAHs 的其他职业相比，煤炭 / 焦炭工业和钢铁工业工人患肺癌的风险较高。还有研究显示 PAHs 暴露占广州市肺癌病例总数的 0.02%—1.94%，平均而言，电子垃圾区的吸入性癌症风险比城市地区高 1.6 倍。PAHs 是燃烧过程中形成的遗传毒性物质，职业接触 PAHs 已被证明会增加肺癌的风险，并可能与其他呼吸系统癌症有关，Mandy Wagner 等的 Meta 分析表明 PAHs 和喉癌之间存在强有力的正相关性。

9.4.2 消化系统损害

（1）非致癌作用

人类通过各种途径接触 PAHs，摄入 PAHs 污染的食物是普通人群的一个重要接触途径。Young-Sun Min 等采用一般线性模型和多元逻辑回归模型对某石化厂 288 名工人进行 PAHs 代谢物与血清肝酶的相关性检测，结果在校正协变量后，尿 2- 萘酚水平与血清谷草转氨酶呈正相关，提示 PAHs 暴露可能会导致肝脏毒性。

（2）致癌作用

一项 345 例肝细胞癌和 961 例健康者的病例对照研究中，评估 B（a）P 暴露与肝细胞癌的相互作用。B（a）P 二醇环氧化合物（BPDE）是 B（a）P 的高度活性代谢物，可与 DNA 共价结合形成 BPDE-DNA 加合物，人体中 BPDE-DNA 加合物反映 B（a）P 的暴露程度，其形成也被认为是癌变起始阶段的关键步骤。分析结果显示肝细胞癌患者血液中 BPDE-DNA 加合物的平均浓度明显高于对照组，肝细胞癌的风险随着 BPDE-DNA 加合物浓度的升高而增加（x^2=203.57，$P < 0.001$）。还有研究显示职业暴露致胰腺癌风险最相关因素之一为 PAHs。对于 PAHs 暴露，铝生产和金属加工行业显示胰腺癌的风险持续升高。Deziel 等研究探讨 B（a）P 暴露与中国林州食道鳞状细胞癌高发病率的关系，在空气、食物和尿液中测量的 PAHs 浓度表明，林州人群是 PAHs 的高暴露人群。这些发现为进一步评估 PAHs 暴露作为该地区食道鳞状细胞癌高发病率潜在病因提供了强有力的依据。

9.4.3　泌尿系统损害

肾脏是浓缩血液和排泄毒素不可或缺的器官，容易受到空气污染物的影响。因此 PAHs 暴露对肾脏疾病的影响不容忽视。Shohreh 等对 2003—2008 年全国健康和营养检查调查中 660 名 12—19 岁的青少年进行横断面分析，结果显示尿中 PAHs 代谢物与氧化应激和肾功能的生物标志物（血清尿酸、谷氨酰基转移酶和 C 反应蛋白）有关，提示可能影响青少年的心脏代谢和肾功能。在一项以人群为基础的病例对照研究中，烤肉中 B（a）P 摄入量与肾细胞癌呈正相关。还有研究显示高暴露于煤焦油和沥青中 PAHs 的工人患膀胱癌风险增加。

9.4.4　生殖系统损害

（1）非致癌作用

①生殖激素。

PAHs 是一种普遍存在的污染物，有可能造成内分泌紊乱，对人群的健康产生不利影响。Shanshan Yin 等评估新生儿母体暴露于 PAHs 对生殖激素水平的影响，结果显示暴露于 PAHs 对脐带血清中的雌二醇和抗缪勒激素产生负影响，对促卵泡生成素产生正影响，提示多环芳烃可以作为一种内分泌干扰化学物质。也有研究报道环境暴露于 PAHs 可能会调节雌激素体内平衡，并增强人体内源性雌激素活性醌类的产生。

一项对中国武汉不孕症诊所 371 名男性尿 OH–PAHs 平均水平和血清生殖激素之间的关系研究显示，尿中 2– 羟基萘与血清游离睾酮下降、尿中 1– 羟基芘、9– 羟基菲和 9– 羟基芴与血清雌二醇下降的剂量 – 反应呈相关性（P 均 < 0.05），说明 PAHs 暴露水平与生殖激素的改变有关。

②卵巢功能。

一项病例对照研究中，招募了 157 名卵巢早衰患者和 217 名健康对照女性，测定了 12 种 PAHs 及促卵泡激素、促黄体生成素和抗缪勒激素等生殖激素的血清水平，并进一步分析 PAHs 暴露与这些卵巢早衰相关激素的关系。经年龄、体重指数、受教育程度和家庭收入调整后，经对数转化的 B（a）P 浓度每增加 1 个单位，卵巢早衰风险显著增加（OR=2.191, 95% CI: 1.634, 2.938, $P < 0.05$）。也有研究显示女性在产前暴露于 B（a）P 会导致卵巢早衰和卵巢肿瘤发生，而 Gclm 缺失导致的胚胎谷胱甘肽缺乏会增加对 B（a）P 经胎盘卵巢效应的敏感性。环境暴露于 PAHs 与女性卵巢功能内分泌标记物的变化相关，且 PAHs 具有特异性。

③胎盘功能。

PAHs 可调节胎盘的解毒作用，并能诱导胎盘细胞的增殖和分化。暴露于 PAHs 会破坏胎盘的正常血管化，以及激素信号传导。此外，胎儿发育和一些儿童 / 成人疾病与生命早期 PAHs 暴露有关。PAHs 可能通过调节血管生成而对胎儿胎盘血管系统产生不利影响。有报道显示 PAHs 是广泛分布的环境污染物，已知对包括胎盘在内的各种组织产生毒性作用。PAHs 已被证明能抑制滋养层细胞的增殖。B(a)P 以 AhR 和 p53 依赖的方式诱导胎盘滋养层细胞的分化。

④男性精液。

PAHs 可以通过改变精子形态和降低精子活力来影响精液质量。氧化应激可能是导致 PAHs 暴露与精子质量改变之间关系的生物学机制。低水平暴露于多环芳烃的一般人群的调查表明，精子线粒体 DNA 拷贝数的减少与暴露于

PAHs 有关。因此，精子线粒体 DNA 拷贝数可能是低剂量 PAHs 暴露反应的敏感生物标志物。一项病例对照研究显示，尿中 PAHs 及其代谢物浓度的增加与男性不明原因不孕的风险增加有关。还有研究报道接触芴、萘和菲与精液质量下降有关。在中国人群研究中，AhR 多态性可能与男性不育的个体风险相关。

（2）乳腺癌症

美国东北部的一项研究显示 PAHs 的高排放与乳腺癌发病率的增加之间可能存在联系。此外，该研究指出 4 种致癌 PAHs 可能对这一效应贡献最大，包括 B（a）P、二苯并（a，h）蒽、萘和苯并（b）荧蒽。同样有研究表明 PAHs 室内暴露（主动吸烟、来自配偶的环境烟草暴露、烧烤 / 熏肉摄入、使用炉灶 / 壁炉），与乳腺癌发病率增加 30%~50% 有关。还有长期职业暴露于 PAHs 可能增加乳腺癌的风险，尤其是在有乳腺癌家族史的妇女中。

9.4.5 内分泌系统损害

（1）甲状腺功能

Ram B.Jain 研究 2007—2008 年全国健康与营养检查调查中年龄 ≥ 20 岁人群甲状腺功能与暴露于特定 PAHs 之间的关系。对女性而言，2- 羟基萘、2- 羟基菲和 1- 羟基芘水平的升高与总三碘甲状腺原氨酸（TT3）水平的升高有关。对于男性，1- 羟基菲、2- 羟基菲和 9- 羟基芘水平的升高与游离甲状腺素（FT4）水平的降低有关。

（2）糖尿病

有研究显示经常做饭的女性患糖尿病的风险较高，这可能部分是由于 PAHs 身体负担增加和炎症反应增强所致，使用厨房排气扇或通风罩可降低患糖尿病的风险。还有研究显示尿 4- 羟基菲升高与糖尿病风险增加显著相关，且呈剂量依赖性。与职业接触 PAHs 相关的糖尿病风险评估还应考虑工作年限和 BMI。尿生物标记物 1- 羟基萘酚、2- 羟基萘酚、2- 羟基菲与美国 20—65 岁成年人的糖尿病有关。环境 PAHs 暴露与老年人胰岛素抵抗增加有关，而且这种关系可能仅限于超重妇女。

（3）肥胖

环境暴露于 PAHs 可能与儿童肥胖相关，同时暴露于多环芳烃和 ETS 可能大大增加肥胖的风险。有报道称产前接触 PAHs 与儿童肥胖有关。根据 BMI 进行的分层分析表明，在正常体重和肥胖参与者中都发现了 PAHs 和糖尿病之间的正相关关系。

（4）代谢

环境中暴露于 PAHs 而不吸烟与胰岛素抵抗、细胞功能障碍和代谢综合征患病率的增加有关。同样有报道表明暴露于 PAHs 会增加代谢综合征的患病率，而这种影响可以通过吸烟状态来改变。

9.4.6 免疫系统损害

（1）非致癌作用

Yueli Yao 等的研究招募健康农村妇女（$n=34$）在非供暖和供暖季节采集血液和尿液样本进行分析，检测免疫球蛋白 E（IgE）、调节性 T 细胞（Treg）百分比以及相关基因的表达来评估 Treg 细胞相关的免疫功能，选择尿 1- 羟基芘（1-OHP）作为 PAHs 暴露的生物标志物。结果表明，从夏季到冬季，1-OHP 浓度从 0.90μmol/molCr 升高到 17.4μmol/molCr（$P < 0.001$）。同时，Treg 细胞的平均百分比从 5.01% 下降到 1.15%（$P < 0.001$）；Treg 细胞相关基因 Foxp3 和转化生长因子 β（TGF-β）的变化与 1-OHP 的增加显著相关。说明冬季 PAHs 暴露显著增加，这与抑制 Treg 细胞功能和 DNA 氧化损伤显著相关，家庭空气污染中 PAHs 的暴露可能导致中国西北农村妇女的免疫损伤。

一项评估接触 PAHs 焦炉工人血清样本中体液免疫变化的研究显示，分子量大于 252 的 PAHs 二苯并（a, h）蒽、B（a）P、苯并（a）蒽和茚并（1, 2, 3-cd）芘与 IgA 和 IgE 水平相关。说明长期接触 PAHs 的焦炉工人可能发生免疫改变，而 PAHs 引起的氧化应激和脂质过氧化可能是免疫参数改变的部分原因。

（2）致癌作用

有研究显示 T 细胞淋巴瘤的风险增加与住宅地毯灰尘中 PAHs 的浓度有关，特别是苯并（k）荧蒽（BkF）。

9.4.7 循环系统损害

（1）心脑血管疾病

一项队列研究中探讨 PAHs 暴露与动脉粥样硬化性心血管疾病（ASCVD）的关系以及平均血小板体积（MPV）或 CC16 细胞分泌蛋白对这种关系的影响。多元逻辑回归模型结果显示，某些 OH-PAHs 与 ASCVD 风险呈正相关，包括 2- 羟基芴（β=1.761，95% CI：1.194，2.597），9- 羟基芴（β=1.470，95% CI：1.139，1.898），1- 羟基蒽（β=1.480，95% CI：1.008，2.175）和 ∑ OH-PAHs （β=1.699，95%CI：1.151，2.507）。说明接触 PAHs 可能增加 ASCVD 风险，这部分是由 MPV 或 CC16 细胞分泌蛋白介导的。在一项调查焦炉工人 PAHs 暴露与 ASCVD 风险关系的研究中也显示职业接触 PAHs 可能会增加 ASCVD 风险，这部分是由心率变异性（HRV）介导的。Omayma 等以 2001—2010 年美国国家健康和营养检查调查的成年参与者（≥ 20 岁）为研究对象，用逻辑回归模型估计各种尿 PAHs 生物标志物与心血管疾病的相关性。结果显示 PAHs 生物标记物水平与心血管疾病之间存在适度关联。

（2）血液毒性

Yanhua Wang 等的研究中在连续两年 PAHs 暴露增加的情况下，受试者白细胞、嗜酸性粒细胞、单核细胞和淋巴细胞的剂量反应降低。表明 PAHs 可独立损害造血系统，氧化应激可能在 PAHs 致血液毒性中发挥潜在作用。

一项石化工人红细胞异常风险与空气中 PAHs 暴露之间关系的研究中，高浓度 PAHs 暴露可诱发红细胞异常性贫血风险。与办公室人员相比，石化作业人员红细胞异常的风险水平增高 41.7%（OR=1.417，95% CI：0.368，5.456）。

（3）心脏功能

PAHs 暴露可增加肺癌和心肺死亡风险，Mi-Sun Lee 等人研究 PAHs 暴露（通过尿 1-OHP 评估）和心脏自主反应之间的潜在联系，结果显示 PAHs 暴露会引起心脏自主控制的失衡，如 HRV 减少，并刺激交感神经活动，增加心率。急性暴露于 PAHs 可能是工作环境中心血管疾病风险的重要预测因子。Binyao Yang 等的研究显示暴露于 PAHs 与血浆细胞因子相关，较高的细胞因子与心率变异性降低相关。

（4）高血压

Wenjun Yin 等研究中 PAHs 暴露可能与血压升高和急性脑血管病风险增加有关，肥胖可能是 PAHs 暴露致血压升高或急性脑血管病风险增加的部分中介因素。还有研究报道苊烯与高血压风险增加相关，PAHs 可能参与高血压的形成。

9.4.8 神经系统损害

（1）神经行为功能损害

注意缺陷多动障碍（Attention Deficit and Hyperactive Disorder，ADHD）是最常见的儿童神经发育障碍之一。Marion Mortamais 等对 242 名 8—12 岁的儿童进行影像学研究，探讨 PAHs 暴露对学龄儿童基底神经节容量和注意缺陷多动障碍症状的影响，结果显示接触 PAHs 与尾状核亚临床变化有关，考虑到尾状核参与了许多关键的认知和行为过程，尾状核体积的减少与儿童的神经发育有关。也有一些报道显示，PAHs 暴露可能对儿童行为产生不良影响，可能影响学校表现；B（a）P 可以对自闭症风险基因的调节发育表达产生直接的负面影响，并与负面的行为学习和记忆结果相关联。

孕妇接触燃煤电厂排放的 PAHs，加上产前接触环境烟草烟雾，可能对 5 岁儿童的认知功能产生不利影响。也有报道显示母体尿中特异性 PAHs 代谢产物与新生儿神经行为发育和脐带血甲状腺激素水平呈负相关。端粒长度介导 2-OHP 与新生儿神经行为发育的联系，部分解释了 2-OHP 对新生儿神经行为发育的影响；产前接触萘对胎儿的出生结局有不良影响，尤其是大脑发育指数，减少接触萘可能会改善新生儿的健康状况。

成人暴露 PAHs 也会对神经行为功能产生影响。有研究显示职业接触 B（a）P 与焦炉工人神经行为功能损害有关。

（2）神经管缺陷

神经管缺陷（Neural Tube Defects，NTDs）是一组常见且严重的先天性畸形，是由于神经管在妊娠后第 28 天未能闭合而导致的。Bin Wang 等报道产妇暴露于 PAHs 与神经管缺损风险增加有关，而高分子量 PAHs 总体上比低分子量 PAHs 具有更高的 NTDs 风险。同样有研究显示母亲暴露于 PAHs 会增加子代 NTDs 风险。

9.4.9　运动系统损害

骨质疏松症是一种慢性疾病，其特征是骨强度降低，这使骨质疏松症患者容易发生骨折。年龄、既往脆性骨折、低骨密度、膳食钙摄入量低和维生素 D 缺乏等都是骨质疏松症的危险因素。然而，环境污染物也可能会影响此病。Wenhou Duan 等纳入 2005—2014 年全国健康与营养检查调查中 50 岁及以上 577 例骨质疏松症患者，评价 8 种 PAHs 代谢物（1- 羟基萘、2- 羟基萘、2- 羟基芴、3- 羟基芴、1- 羟基菲、2- 羟基菲、3- 羟基菲和 1- 羟基芘）与骨质疏松症的关系，发现 3- 羟基芴与骨质疏松症的减少有关，而 2- 羟基芴与骨质疏松症的增加有关。Jing Guo 等的研究中 PAHs 与骨密度和骨质疏松症的关系因特定的 PAHs 和骨部位以及美国成年人的性别和绝经状态而异，对于成年女性，PAHs 与骨密度水平之间的剂量—反应关系在股骨中呈倒 U 形，在腰椎中呈负相关。

在美国普通人群中，尿中高水平的 PAHs 代谢物与类风湿关节炎患病率呈正相关，PAHs 暴露和吸烟可能潜在地相互作用，增加风湿性关节炎的患病率。

9.4.10 皮肤损害

高水平的 PAHs 可伤害哺乳动物覆盖在表皮上的复层鳞状角质细胞和真皮成纤维细胞，直接破坏皮肤屏障。也有流行病学研究发现，接触性皮炎、湿疹和自身免疫性疾病，与空气传播的 PAHs 密切相关。Yuan Qiao 等的研究中，证实了城市粉尘中 PAHs 通过细胞周期阻滞、细胞生长抑制和细胞凋亡触发人类皮肤细胞的衰老。也有报道显示即使是少量 PAHs 暴露在阳光下也可能对皮肤造成影响。职业暴露于原油 PAHs 的海上石油工人手部和前臂皮肤癌风险升高。

9.4.11 发育毒性

发育毒性指出生前经父体和（或）母体接触外源性理化因素引起的子代发育至成年之前出现的有害作用，PAHs 暴露会导致发育毒性。

韩国的一项出生队列研究孕妇饮食中 PAHs 的产前暴露对出生结局的影响，结果显示怀孕期间食用高水平的烤肉、油炸肉和熏肉与胎儿出生体重降低有关。同样，挪威一项母婴队列研究结果提示产前较高的饮食 B（a）P 暴露量可能降低出生体重，减少孕妇对 B（a）P 的摄入量，增加孕期膳食维生素 C 的摄入量，可能有助于减少 B（a）P 对出生体重的不利影响。

而 Liren Yang 等的 Meta 分析发现脐带血中的 PAHs-DNA 加合物、母体尿液中 1-OHP 浓度与产前母体空气中 PAHs 暴露和出生体重之间没有关联。然而种族可能会改变 PAHs 暴露对出生体重的影响。也有报道显示产前空气中暴露于 PAHs 与身高增长呈显著负相关；孕妇 PAHs 暴露与儿童身高、胸围呈负相关，而这种相关性在男孩中更为明显。

Melissa A.Suter 等发现早产妇女胎盘中 PAHs 暴露水平高，其胎盘中 B（a）P、苯并（b）荧 B（b）F 和二苯并（a，h）蒽的水平高于足月分娩的妇女。说明 PAHs 暴露可能会导致孕妇早产。

美国一项病例对照研究中母亲职业暴露于 PAHs 与后代患腭裂的风险增加有关。Jacqueline 等研究中在调整母亲年龄和受教育程度等因素后，妊娠前 1—3 个月期间接触 PAHs 与胎儿颅缝早闭之间存在正相关。

视网膜母细胞瘤是世界上影响儿童的主要眼癌，在大多数情况下，这种肿瘤导致部分或完全的视力丧失。Omidakhsh 等的研究显示在怀孕前 10 年内暴露于 PAHs 或涂料的父亲的子女中，单侧和双侧视网膜母细胞瘤的 OR 升高。Julia 等研究中母亲接触茚并（1，2，3-cd）芘和二苯并（a，h）蒽水平越高，胎儿患神经母细胞瘤的风险越高。

综上所述，PAHs 暴露会对人体各系统产生一些致癌或非致癌的损害作用。而日常的生产生活中人们会通过各种途径接触 PAHs，职业暴露于高浓度 PAHs 会增加患癌症风险；妊娠期间暴露于 PAHs，不仅影响母亲健康还会对胎儿发育造成严重影响；PAHs 的生殖毒性也会造成生育能力下降甚至不育。应加强对 PAHs 潜在健康风险的关注，研究其在体内的吸收、分布、代谢、转化等途径，完善人体内 PAHs 含量及代谢物的监测和体外动物细胞实验研究，减少人体 PAHs 的暴露。

参考文献

[1] 戴国钧 . 饮水氟含量与地方性氟中毒关系的定量流行病学研究 [J]. 中国地方病学杂志 .1988,(1).21.

[2] 刘建军 , 徐洪兰 . 氟斑牙的危险因素研究进展 [J]. 中国地方病学杂志 .2001,(2).151-153.

[3] 刘开泰 . 饮水型地方性氟中毒 [J]. 中国地方病防治杂志 .1994,(1).32-34,51.

[4] 刘子言 , 吴小丽 , 解美秋 , 等 . 在因果推断中应用有向无环图识别和控制选择偏倚 [J]. 中华疾病控制杂志 .2019,(3).351-355.

[5] 刘子言 , 吴小丽 , 解美秋 , 等 . 在因果推断中应用有向无环图识别和控制选择偏倚 [J]. 中华疾病控制杂志 . 2019(03).

[6] 谭红 , 专向韧 , 戴文杰 , 等 . 有向无环图在因果推断控制混杂因素中的应用 [J]. 中华流行病学杂志 . 2016 (07).

[7] 詹思延 . 流行病学 [M]. 人民卫生出版社 . 2012.

[8] 周宣开 , 叶临湘 . 环境流行病学基础与实践 [M]. 人民卫生出版社 .2013.

[9] 谭红专 . 病因流行病学研究方法进展 [J]. 中华疾病控制杂志 .2017,(8).755-757.

[10] 向韧 , 戴文杰 , 熊元 , 等 . 有向无环图在因果推断控制混杂因素中的应用 [J]. 中华流行病学杂志 .2016,(7).1035-1038.

[11] 李一凡 , 王卷乐 , 高孟绪 . 自然疫源性疾病地理环境因子探测及风险预测研究综述 [J]. 地理科学进展 .2015(07).

[12] 许华茹 , 李战 , 徐淑慧 , 等 .2004—2013 年济南市自然疫源性疾病流行病学特征分析 [J]. 中国病原生物学杂志 . 2016(01).

[13] 张湘雪 , 王丽 , 尹礼唱 , 等 . 京津唐地区 HFMD 时空变异分析与影响因子探测 [J]. 地球信息科学学报 . 2019(03).

[14] 郑斓 , 任红艳 , 施润和 , 等 . 珠江三角洲地区登革热流行风险空间模拟与预测 [J]. 地球信息科学学报 . 2019(03).

[15] 周红霞, 唐咸艳, 仇小强. 空间流行病学理论与方法研究现状与展望 [J]. 国外医学 (医学地理分册). 2015,36(02):79-92.

[16] 周晓农. 空间流行病学 [M]. 科学出版社. 2008.

[17] Giovannucci,E.,Ogino,et al. Interdisciplinary education to integrate pathology and epidemiology: Towards molecular and population-level health science[J]. American Journal of Epidemiology.2012,176(8).

[18] Haque R,Mitra S,Samanta S,et al. Arsenic in drinking water and skin lesions: dose-response data from West Bengal, India.[J].Epidemiology.2003,14(2).

[19] M, Tondel,M,et al. The relationship of arsenic levels in drinking water and the prevalence rate of skin lesions in Bangladesh.[J].Environmental health perspect ives.1999,107(9).727-729.

[20] Milan S Geybels,Janet L Stanford,Marian L Neuhouser. Associations of tea and coffee consumption with prostate cancer risk.[J].Cancer causes & control: CCC.2013,24(5).

[21] Milton AH,Ahsan H,Stute M,et al. Associations between drinking water and urinary arsenic levels and skin lesions in Bangladesh.[J].Journal of Occupational & Environmental Medicine.2000,42(12).

[22] N,MANTEL,W,et al. Statistical aspects of the analysis of data from retrospective studies of disease.[J].Journal of the National Cancer Institute.1959,22(4).719-748.

[23] Pearl J. Causal Diagrams for Empirical Research[J].Biometrika.1995,82(4).

[24] Validation of different instruments for caffeine measurement among premenopausal women in the BioCycle Study[J].American Journal of Epidemiology.2013,177(7).

[25] Y Tomata,Y Nishino,Q Li,et al. Coffee consumption and the risk of prostate cancer: the Ohsaki Cohort Study.[J].The British journal of cancer.2013,108(11).

[26] Al-Daghri NM, Alokail MS, Abd-Alrahman SH, et al.Polycyclic aromatic hydrocarbon exposure and pediatric asthma in children: a case-control study[J]. Environ Health,2013,12:1.

[27] Alhamdow A, Essig YJ, Krais AM, et al. Fluorene exposure among PAH-

exposed workers is associated with epigenetic markers related to lung cancer[J].
Occup Environ Med,2020,77(7):488-495.

[28] Andreotti G, Silverman DT. Occupational risk factors and pancreatic cancer: a
review of recent findings[J]. Mol Carcinog,2012,51(1):98-108.

[29] [23]Boffetta P, Jourenkova N, Gustavsson P. Cancer risk from occupational and
environmental exposure to polycyclic aromatic hydrocarbons[J]. Cancer Causes
Control,1997,8(3):444-472.

[30] Bottai M, Selander J, Pershagen G, et al.Age at occupational exposure
to combustion products and lung cancer risk among men in Stockholm,
Sweden[J]. Int Arch Occup Environ Health,2016,89(2):271-275.

[31] Cakmak S, Hebbern C, Cakmak JD, et al. The influence of polycyclic aromatic
hydrocarbons on lung function in a representative sample of the Canadian
population[J]. Environ Pollut,2017,228:1-7.

[32] Choi YH, Kim JH, Hong YC. CYP1A1 genetic polymorphism and polycyclic
aromatic hydrocarbons on pulmonary function in the elderly: haplotype-based
approach for gene-environment interaction[J]. Toxicol Lett,2013,221(3):185-
190.

[33] Daniel CR, Schwartz KL, Colt JS, et al. Meat-cooking mutagens and risk of
renal cell carcinoma[J]. Br J Cancer,2011,105(7):1096-1104.

[34] Deziel NC, Wei WQ, Abnet CC, et al. A multi-day environmental study of
polycyclic aromatic hydrocarbon exposure in a high-risk region for esophageal
cancer in China[J]. J Expo Sci Environ Epidemiol, 2013,23(1):52-59.

[35] Drwal E, Rak A, Gregoraszczuk EL. Review: Polycyclic aromatic hydrocarbons
(PAHs)-Action on placental function and health risks in future life of
newborns[J]. Toxicology,2019,411:133-142.

[36] Farzan SF, Chen Y, Trachtman H, et al. Urinary polycyclic aromatic
hydrocarbons and measures of oxidative stress, inflammation and renal function
in adolescents: NHANES 2003-2008[J]. Environ Res,2016,144(Pt A):149-157.

[37] Huang X, Zhou Y, Cui X, et al. Urinary polycyclic aromatic hydrocarbon
metabolites and adult asthma: a case-control study[J]. Sci Rep,2018,8(1):7658.

[38] Jedrychowski WA, Perera FP, Maugeri U, et al. Long term effects of prenatal and postnatal airborne PAH exposures on ventilatory lung function of non-asthmatic preadolescent children. Prospective birth cohort study in Krakow[J]. Sci Total Environ,2015,502:502-509.

[39] Jerzynska J, Podlecka D, Polanska K, et al.Prenatal and postnatal exposure to polycyclic aromatic hydrocarbons and allergy symptoms in city children[J]. Allergol Immunopathol (Madr),2017,45(1):18-24.

[40] Jung KH, Yan B, Moors K, et al. Repeated exposure to polycyclic aromatic hydrocarbons and asthma: effect of seroatopy[J]. Ann Allergy Asthma Immunol,2012,109(4):249-254.

[41] Lim J, Lawson GW, Nakamura BN, et al. Glutathione-deficient mice have increased sensitivity to transplacental benzo[a]pyrene-induced premature ovarian failure and ovarian tumorigenesis[J]. Cancer Res,2013,73(2):908-917.

[42] Lin C, Chen DR, Wang SL, et al. Cumulative body burdens of polycyclic aromatic hydrocarbons associated with estrogen bioactivation in pregnant women: protein adducts as biomarkers of exposure[J]. J Environ Sci Health A Tox Hazard Subst Environ Eng,2014,49(6):634-640.

[43] Liu H, Xu C, Jiang ZY, et al.Association of polycyclic aromatic hydrocarbons and asthma among children 6-19 years: NHANES 2001-2008 and NHANES 2011-2012[J]. Respir Med,2016,110:20-27.

[44] Luderer U, Christensen F, Johnson WO, et al. Associations between urinary biomarkers of polycyclic aromatic hydrocarbon exposure and reproductive function during menstrual cycles in women[J]. Environ Int,2017,100:110-120.

[45] Min YS, Lim HS, Kim H. Biomarkers for polycyclic aromatic hydrocarbons and serum liver enzymes[J]. Am J Ind Med,2015,58(7):764-772.

[46] Shen M, Xing J, Ji Q, et al. Declining Pulmonary Function in Populations with Long-term Exposure to Polycyclic Aromatic Hydrocarbons-Enriched PM2.5[J]. Environ Sci Technol,2018,52(11):6610-6616.

[47] Singh A, Chandrasekharan Nair K, Kamal R, et al. Assessing hazardous risks of indoor airborne polycyclic aromatic hydrocarbons in the kitchen and

its association with lung functions and urinary PAH metabolites in kitchen workers[J]. Clin Chim Acta,2016,452:204-213.

[48] Singh A, Kamal R, Ahamed I, et al. PAH exposure-associated lung cancer: an updated meta-analysis[J]. Occup Med (Lond),2018,68(4):255-261.

[49] Su Y, Zhao B, Guo F, et al. Interaction of benzo[a]pyrene with other risk factors in hepatocellular carcinoma: a case-control study in Xiamen, China[J]. Ann Epidemiol,2014,24(2):98-103.

[50] Wagner M, Bolm-Audorff U, Hegewald J, et al. Occupational polycyclic aromatic hydrocarbon exposure and risk of larynx cancer: a systematic review and meta-analysis[J]. Occup Environ Med,2015,72(3):226-233.

[51] Wang J, Chen S, Tian M, et al. Inhalation cancer risk associated with exposure to complex polycyclic aromatic hydrocarbon mixtures in an electronic waste and urban area in South China[J]. Environ Sci Technol,2012,46(17):9745-9752.

[52] Yang P, Sun H, Gong YJ, et al. Repeated measures of urinary polycyclic aromatic hydrocarbon metabolites in relation to altered reproductive hormones: A cross-sectional study in China[J]. Int J Hyg Environ Health,2017,220(8):1340-1346.

[53] Ye X, Pan W, Li C, et al. Exposure to polycyclic aromatic hydrocarbons and risk for premature ovarian failure and reproductive hormones imbalance[J]. J Environ Sci (China),2020,91:1-9.

[54] Yin S, Tang M, Chen F, et al. Environmental exposure to polycyclic aromatic hydrocarbons (PAHs): The correlation with and impact on reproductive hormones in umbilical cord serum[J]. Environ Pollut,2017,220(Pt B):1429-1437.

[55] Zhou GD, Richardson M, Fazili IS, et al. Role of retinoic acid in the modulation of benzo(a)pyrene-DNA adducts in human hepatoma cells: implications for cancer prevention[J].Toxicol Appl Pharmacol,2010,249(3):224-230.

[56] Banack, Hailey R.,Kaufman,et al. Does selection bias explain the obesity paradox among individuals with cardiovascular disease?[J].Annals of Epidemiology.2015,25(5).

[57] Banack, Hailey R.,Kaufman,et al. From bad to worse: collider stratification amplifies confounding bias in the "obesity paradox"[J].European Journal of Epidemiology.2015,30(10).

[58] Berkson,J..Limitations of the application of fourfold table analysis to hospital data[J].International Journal of Epidemiology: Official Journal of the International Epidemiological Association.2014,43(2).511-515.

[59] Clarice R.Weinberg.Toward a Clearer Definition of Confounding[J].American Journal of Epidemiology.1993,137(1).1-8.

[60] Greenland S,Robins JM,Pearl J.Causal diagrams for epidemiologic research.[J]. Epidemiology.1999,10(1).

[61] Greenland S.Quantifying biases in causal models: classical confounding vs collider-stratification bias.[J].Epidemiology.2003,14(3).

[62] Hailey R. Banack,Jay S. Kaufman.The obesity paradox: Understanding the effect of obesity on mortality among individuals with cardiovascular disease[J].Preventive Medicine: An International Journal Devoted to Practice & Theory.2014.62.

[63] Hernan MA,Robins JM.A Structural Approach to Selection Bias.[J]. Epidemiology.2004,15(5).

[64] Ian, Shrier,Robert W,et al. Reducing bias through directed acyclic graphs.[J]. BMC medical research methodology.2008.870.doi:10.1186/1471-2288-8-70.

[65] J.M. Robins,H. Morgenstern.The foundations of confounding in epidemiology[J].Computers & Mathematics with Applicatio ns.1987,14(9-12).869-916.

[66] James M. Robins,Tyler J. VanderWeele.Signed directed acyclic graphs for causal inference[J].Journal of the Royal Statistical Society, Series B:Statistical Methodology..2010,72(1).

[67] Miguel A.Hernán.Invited Commentary: Selection Bias Without Colliders[J]. American Journal of Epidemiology.2017,185(11).

[68] Perkins NJ,Platt RW,Whitcomb BW,et al. Quantification of collider-stratification bias and the birthweight paradox.[J].Paediatric & Perinatal

Epidemiology.2009,23(5).

[69] Setoguchi,S.,Mi,et al. Implications of m bias in epidemiologic studies: A simulation study[J].American Journal of Epidemiology.2012,176(10).

[70] Adeleye, Y., et al. Implementing Toxicity Testing in the 21st Century (TT21C): Making safety decisions using toxicity pathways, and progress in a prototype risk assessment. Toxicology, 2015. 332: 102-111.

[71] Antti, Latvala,Miina,et al. Mendelian randomization in (epi)genetic epidemiology: an effective tool to be handled with care.[J].Genome Biology.2016.156.

[72] Axelstad, M., et al. Mixtures of endocrine-disrupting contaminants induce adverse developmental effects in preweaning rats. Reproduction, 2014. 147(4): 489-501.

[73] Bowden, Jack,Del Greco,et al. Assessing the suitability of summary data for two-sample Mendelian randomization analyses using MR-Egger regression: the role of the I-2 statistic[J].International Journal of Epidemiology: Official Journal of the International Epidemiological Association.2016,45(6).1961-1974.

[74] Bowden, Jack,Smith,et al. Mendelian randomization with invalid instruments: effect estimation and bias detection through Egger regression[J].International Journal of Epidemiology: Official Journal of the International Epidemiological Association.2015,44(2).512-525.

[75] Chai, Z., et al. Generating adverse outcome pathway (AOP) of inorganic arsenic-induced adult male reproductive impairment via integration of phenotypic analysis in comparative toxicogenomics database (CTD) and AOP wiki. Toxicol Appl Pharmacol, 2021. 411: p. 115370.

[76] Dennis J, Paustenbach,Brent L,et al. Human health risk and exposure assessment of chromium (VI) in tap water.[J].Journal of toxicology and environmental health. Part A.2003,66(14).1295-1339.

[77] Hartwig, Fernando Pires,Davies,et al. Why internal weights should be avoided (not only) in MR-Egger regression[J].International Journal of Epidemiology: Official Journal of the International Epidemiological Associati

on.2016,45(5).1676-1678.

[78] Haycock, Philip C.,Burgess,et al. Best (but oft-forgotten) practices: the design, analysis, and interpretation of Mendelian randomization studies[J]. The American Journal of Clinical Nutrition: Official Journal of the American Society for Clinical Nutrition.2016,103(4).965-978.

[79] Knapen, D., et al. The potential of AOP networks for reproductive and developmental toxicity assay development. Reprod Toxicol, 2015. 56: p. 52-5.

[80] Koen F, Dekkers,Maarten,et al. Blood lipids influence DNA methylation in circulating cells.[J].Genome Biology.2016.138.

[81] Mowat F,Tamburello S,Paustenbach D,et al. Occupational exposure to airborne asbestos from phenolic molding material (bakelite) during sanding, drilling, and related activities.[J].Journal of Occupational & Environmental Hygiene.2005,2(10).

[82] Sekula, Peggy,Del Greco,et al. Mendelian Randomization as an Approach to Assess Causality Using Observational Data[J].Journal of the American Society of Nephrology: JASN.2016,27(11).

[83] Shelley A, Harris,Andrea M,et al. Development of models to predict dose of pesticides in professional turf applicators.[J].Journal of exposure analysis and environmental epidemiology.2002,12(2).130-144.

[84] Stephen Burgess,Robert A. Scott,Nicholas J. Timpson,et al. Using published data in Mendelian randomization: a blueprint for efficient identification of causal risk factors[J].European Journal of Epidemiology.2015,30(7).543-552.

[85] Williams PR,Paustenbach DJ. Reconstruction of benzene exposure for the Pliofilm cohort (1936-1976) using Monte Carlo techniques.[J].Journal of Toxicology & Environmental Health: Part A.2003,66(8).

[86] Attfield K R, Pinney S M, Sjodin A, et al. Longitudinal study of age of menarche in association with childhood concentrations of persistent organic pollutants[J]. Environ Res, 2019,176:108551.

[87] Baba T, Ito S, Yuasa M, et al. Association of prenatal exposure to PCDD/Fs and PCBs with maternal and infant thyroid hormones: The Hokkaido Study on

Environment and Children's Health[J]. Sci Total Environ, 2018,615:1239-1246.

[88] Berghuis S A, Van Braeckel K, Sauer P, et al. Prenatal exposure to persistent organic pollutants and cognition and motor performance in adolescence[J]. Environ Int, 2018,121(Pt 1):13-22.